数字生活轻松入门

网上聊天

晶辰创作室　刘鹏宇　赵 妍　**编著**

科学普及出版社

·北　京·

图书在版编目（CIP）数据

网上聊天 / 晶辰创作室，刘鹏宇，赵妍编著．--北京：科学普及出版社，2020.6
（数字生活轻松入门）
ISBN 978-7-110-09644-4

Ⅰ．①网… Ⅱ．①晶… ②刘… ③赵… Ⅲ．①电子计算机一普及读物 Ⅳ．①TP3-49

中国版本图书馆 CIP 数据核字（2017）第 181270 号

策划编辑 徐扬科
责任编辑 林 然
封面设计 中文天地 宋英东
责任校对 杨京华
责任印制 徐 飞

出　　版 科学普及出版社
发　　行 中国科学技术出版社有限公司发行部
地　　址 北京市海淀区中关村南大街 16 号
邮　　编 100081
发行电话 010－62173865
传　　真 010－62173081
网　　址 http://www.cspbooks.com.cn

开　　本 710 mm ×1000 mm 1/16
字　　数 151 千字
印　　张 7.75
版　　次 2020 年 6 月第 1 版
印　　次 2020 年 6 月第 1 次印刷
印　　刷 北京博海升彩色印刷有限公司
书　　号 ISBN 978-7-110-09644-4/TP・230
定　　价 48.00 元

“数字生活轻松入门”丛书编委会

前言

随着信息化时代建设步伐的不断加快，互联网及互联网相关产业以迅猛的速度发展起来。短短的二十几年，个人电脑由之前的奢侈品变为现在的必备家电，电脑价格也从上万元降到现在的三四千元，网络宽带已经连接到千家万户，包月上网费用从前些年的一百五六十元降到现在的五六十元。可以说电脑和互联网这些信息时代的工具已经真正进入寻常百姓之家了，并对人们日常生活的方方面面产生了深刻的影响。

电脑与互联网及其伴生的小兄弟智能手机——也可以认为它是手持的小电脑，正在成为我们生活中不可或缺的元素，曾经的“你吃了吗”的问候变成了“今天发微信了吗”；小朋友之间闹别扭的台词也从“不和你玩了”变成了“取消关注”；“余额宝的利息今天怎么又降了”俨然成了一些时尚大妈的揪心话题……

因我们的丛书主要介绍电脑与互联网知识的使用，这里且容略去与智能手机有关的表述。那么，电脑与互联网的用途和影响到底有多大？让我们随意截取几个生活中的侧影来感受一下吧！

我们可以通过电脑和互联网即时通信软件与他人沟通和

交流，不管你的朋友是在你家隔壁还是在地球的另一端，他（她）的文字、声音、容貌都可以随时在你眼前呈现。在互联网世界里，没有地理的概念。

电子邮件、博客、播客、威客、BBS……互联网为我们提供了充分展示自己的平台，每个人都可以通过文字、声音、影像表达自己的观点，探求事情的真相，与朋友分享自己的喜怒哀乐。互联网就是这样一个完全敞开的世界，人与人的交流没有界限。

或许往日平淡无奇的日常生活使我们丧失了激情，现在就让电脑和互联网来把热情重新点燃吧。

你可以凭借一些流行的图像处理软件制作出具有专业水准的艺术照片，让每个人都欣赏你的风采；你也可以利用数字摄像设备和强大的软件编辑工具记录你生活的点点滴滴，让岁月不再了无印迹。网络上有着极其丰富的影音资源：你可以下载动听的音乐，让美妙的乐声给你带来一处闲适的港湾；你也可以在劳累一天离开纷扰的职场后，回到家里第一时间打开电脑，投入到喜爱的热播电视剧中，把工作和生活的烦恼一股脑儿地抛在身后。哪怕你是一个离群索居之人，电脑和网络也不会让你形单影只，你可以随时走进网上的游戏大厅，那里永远会有愿意与你一同打发寂寞时光的陌生朋友。

当然，电脑和互联网不仅能给我们带来这些精神上的慰藉，还能给我们带来丰厚的物质褒奖。

有空儿到购物网站上去淘淘宝贝吧，或许你心仪已久的宝贝正在打着低低的折扣呢，轻点几下鼠标，就能让你省下一大笔钱！如果你工作繁忙，好久没有注意自己的生活了，那就犒劳一下自己吧！但别急着冲进饭店，大餐的价格可是不菲呀。到网上去团购一张打折券，约上三五好友，尽兴而归，也不过两三百元。

或许对某些雄心勃勃的人士来说就这么点儿物质褒奖还远远不够——我要开网店，自己当老板，实现人生的财富梦想！的确，网上开放式的交易平台让创业更加灵活便捷，相对实体店铺，省去了高额的店铺租金，况且不受地域及营业时间限制，你可以在 24 小时内把商品卖到全中国乃至世界各地！只要你有眼光、有能力、有毅力，相信实现这一梦想并非遥不可及！

利用电脑和互联网可以做的事情还有太多太多，实在无法一一枚举，但仅仅这几个方面就足以让人感到这股数字化、信息化的发展潮流正在使我们的世界发生着巨大的改变。

为了帮助更多的人更好更快地融入这股潮流，2009 年在科学普及出版社的鼓励与支持下，我们编写出版了“热门电脑丛书”，得到了市场较好的认可。考虑到距首次出版已有十年时间，很多软件工具和网站已经有所更新或变化，一些新的热点正在社会生活中产生着较大影响，为了及时反映这些新变化，我们在丛书成功出版的基础上对一些热点板块进行了重新修订和补充，以方便读者的学习和使用。

在此次修订编写过程中，我们秉承既往的理念，以提高生活情趣、开拓实际应用能力为宗旨，用源于生活的实际应用作为具体的案例，尽量用最简单的语言阐明相关的原理，用最直观的插图展示其中的操作奥妙，用最经济的篇幅教会你一项电脑技能，解决一个实际问题，让你在掌握电脑与互联网知识的征途中有一个好的起点。

晶辰创作室

目录

腾讯 QQ（下文简称 QQ）是一款大众化的即时通信软件，也是目前在中文环境下使用人数较多的即时通信软件。

经过多年的发展和磨炼，最新版本的 QQ 不仅包含了文字交流、语音通讯、视频聊天等最基本功能，还包含了文件传输、文件共享、移动通讯、屏幕捕捉等各种新功能。同时，为了最大限度地保护用户的利益，QQ 在安全性上做足了文章，在多年与病毒木马抗击的过程中，腾讯公司大大加强了 QQ 的安全保障，使用户在使用时可以尽可能地放心。

下面，笔者就将带你进入这个中文即时通信的世界，体会互联网带给你的新奇。

第一章

中文即时通信霸主——腾讯QQ

本章学习目标

◇ 即时通信软件的发展历程

了解即时通信软件的进化史和即时通信软件的原理。

◇ 腾讯QQ的下载与安装

了解腾讯QQ的下载地址和安装方法。

◇ 申请你的QQ号

介绍如何获取一个自己的QQ号。

◇ 进行系统和账号的设置

介绍如何对QQ进行基本的系统配置和账号配置。

◇ 添加QQ好友

在QQ上找到自己的朋友，天南地北保持联络。

◇ 开始聊天

通过聊天窗口，开始和朋友网上聊天。

◇ 使用音频和视频聊天

介绍使用语音和视频聊天前需要进行的准备工作以及聊天时的操作方法。

◇ 管理QQ好友

朋友太多了？将他们分门别类管理起来。

◇ 使用QQ群

介绍使用QQ群建立自己聊天小圈子的方法。

◇ 保护你的QQ

介绍保护你的QQ安全的有效方法。

即时通信软件的发展历程

即时通信（Instant Messenger，简称IM）软件可以说是目前我国上网用户使用率很高的软件，无论是老牌的ICQ，还是国内用户量第一的腾讯QQ都是大众关注的焦点。它们能让你迅速地在网上找到你的朋友或工作伙伴，可以实时交谈。而且，现在不少IM软件还集成了数据交换、语音聊天、网络会议、电子邮件等功能。

IM软件很年轻，但是它一诞生，就立即受到网民的喜爱，并风靡全球。其中的领航者是4位以色列籍的年轻人，他们在1996年建立了Mirabilis公司，并于同年11月推出了全世界第一个即时通信软件ICQ（图1-1），取意为“我在找你”——“I Seek You”。虽然1999年ICQ被卖给了AOL（美国在线），但是到目前为止仍有更新支持（图1-2）。

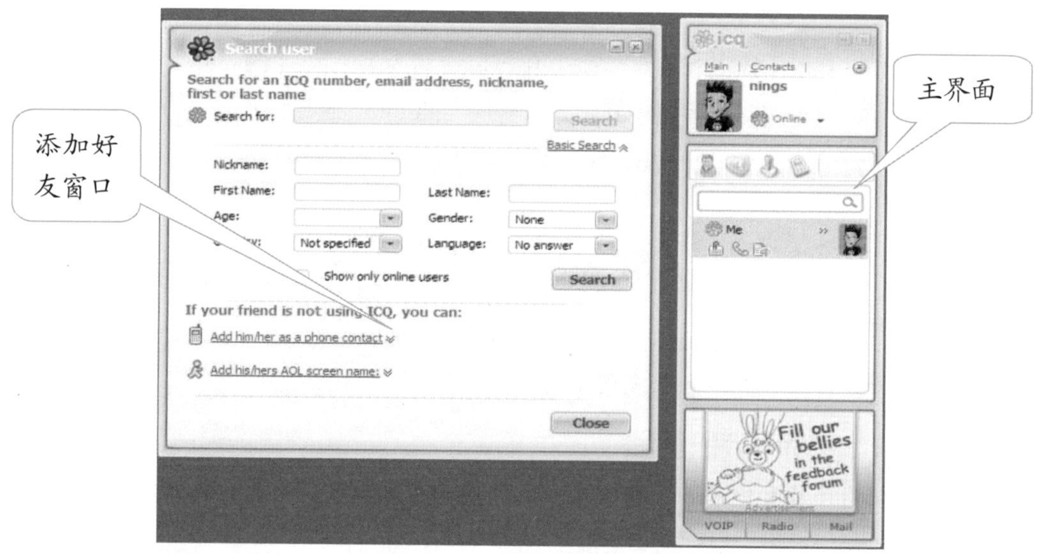

图1-1　ICQ软件主界面

目前，国内最为流行的即时通信软件是腾讯 QQ（图 1-3），它的界面和 ICQ 比较相像。凭借其良好的中文界面支持和不断增强的功能形成了庞大的用户群，并拥有了一定的 QQ 网络文化特色。QQ 也是本章介绍的重点。

此外，还有许多其他有不同特点的 IM 软件。如以语音通讯见长的新浪 UT，经常玩网络游戏的读者应该对此很有了解，以及 Yahoo、GTalk 等公司为方便自己的用

图 1-2　最新版 ICQ 软件　　　　图 1-3　腾讯 QQ 主界面

户而开发的 IM 软件。

最后，我们来简单说说IM软件的原理。

我们经常听到TCP/IP和UDP（用户数据报协议）这两个术语，它们都是建立在更低层的IP协议上的两种通讯传输协议。前者是以数据流的形式，将传输数据经分割、打包后，通过两台机器之间建立起的虚电路，进行连续的、双向的、严格保证数据正确性的文件传输协议。而后者是以数据包的形式，对拆分后的数据先后到达顺序不做要求的文件传输协议。

QQ就是使用UDP协议进行发送和接收信息的，这样可以保证数据的传输速度和稳定性。当你的机器安装了QQ以后，实际上，你既是服务端（Server），又是客户端（Client），如图1-4所示。当你登录QQ时，你的QQ作为客户端连接到腾讯公司的主服务器上，当你“看谁在线”时，你的QQ又一次作为客户端从QQ服务端上读取在线网友名单。当你和你的QQ好友进行聊天时，如果你和对方的连接比较稳定，你和他的聊天内容都是以UDP的形式直接在计算机之间传送，通过你的计算机通讯端口直接连接到对方的通讯端口上。如果你和对方的连接不是很稳定，QQ服务器将为你们的聊天内容进行“中转”，服务器首先存储消息，然后选择网络通畅的时机将消息发送给对方。

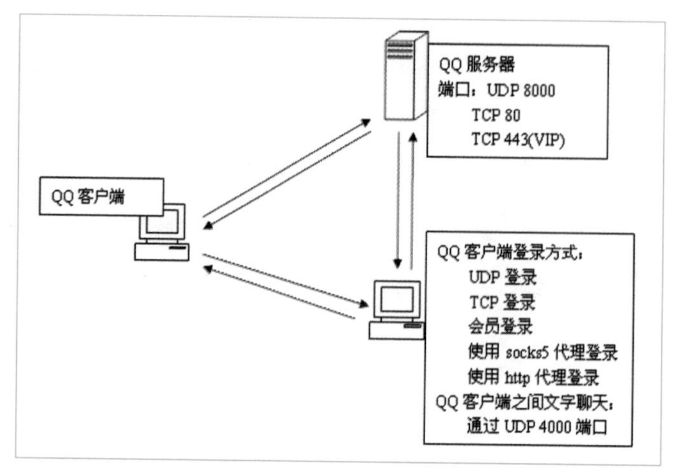

图1-4　IM软件原理

其他的即时通信软件原理与此大同小异，其工作原理可以概括为以下四点：

1. 用户首先从QQ服务器上获取好友列表，以建立点对点的联系。
2. 用户（Client1）和好友（Client2）之间采用UDP方式发送信息。
3. 如果无法直接点对点联系，则用服务器中转的方式完成。
4. 刷新好友列表，为下一次通信做准备。

提示　通过服务器中转消息，可以保证在网络条件较差的环境下仍能正常通讯，同时可以使用户进行离线留言。

腾讯 QQ 的下载与安装

腾讯QQ是一款免费的软件，使用它并不需要你花费任何金钱。不过，首先我们需要找到QQ的安装程序并且安装它。在互联网上有很多提供不同版本的QQ下载的网站，但是为了你的信息安全着想，建议你从图1-5所示的腾讯公司官方网站上下载QQ的安装程序，以避免木马病毒的骚扰。

1. 打开任何一款互联网浏览器，在地址栏中输入IM.QQ.COM，按回车键，打开腾讯公司的网站主页。

图1-5　腾讯通讯主页面

2．点击左上角的下载QQ图标，打开如图1-6所示的“下载QQ”页面，在其正中可以看到QQ的下载按钮。

图1-6 下载QQ界面

提示　“IM.QQ.COM”里不仅可以下载QQ，也可以下载其他有用的QQ附加软件。

3．单击“QQ2013轻聊版”边上的【下载】按钮，打开如图1-7所示的页面。其中显示了将要下载的腾讯QQ2013Beta3版，大小是55.12MB。

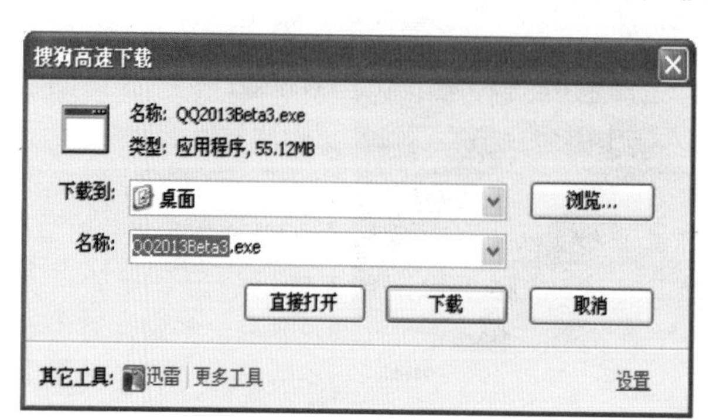

图1-7　QQ下载对话框

4．单击【下载】按钮，弹出“另存为”窗口，选择想要保存的位置，输入新文件名，然后单击【保存】按钮，即可开始QQ安装软件的下载过程。

提示　如果你安装了专门的下载软件，你只需按照下载软件的提示操作，也可以成功下载。

5．软件的下载大概需要几分钟的时间，请耐心等待。这段时间你可以去喝点水，活动活动。长时间坐在电脑前对身体不好。

6．下载完成后，请使用资源管理器或“我的电脑”寻找刚刚下载的QQ安装程序，如果你没有重命名，那个文件应该叫“QQ2013Beta3.exe”。找到后双击该程序图标，开始腾讯QQ的安装。

下面我们来看看QQ的安装：

1．双击安装程序，打开如图1-8所示的安装向导。

2．勾选同意复选框，并单击【下一步】按钮，进入安装配置窗口。

3．建议取消选择自定义安装选择中的复选框，以免你的计算机被流氓软件侵害，如图1-9所示。

4．完成之后，设置QQ的安装路径。程序需要不

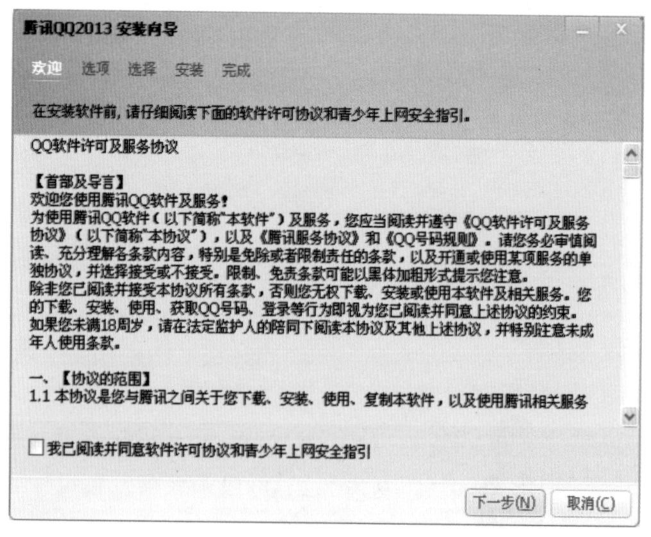

图1-8　QQ安装向导首页面

少于175MB的硬盘空间，建议安装在有充分剩余空间的磁盘上。

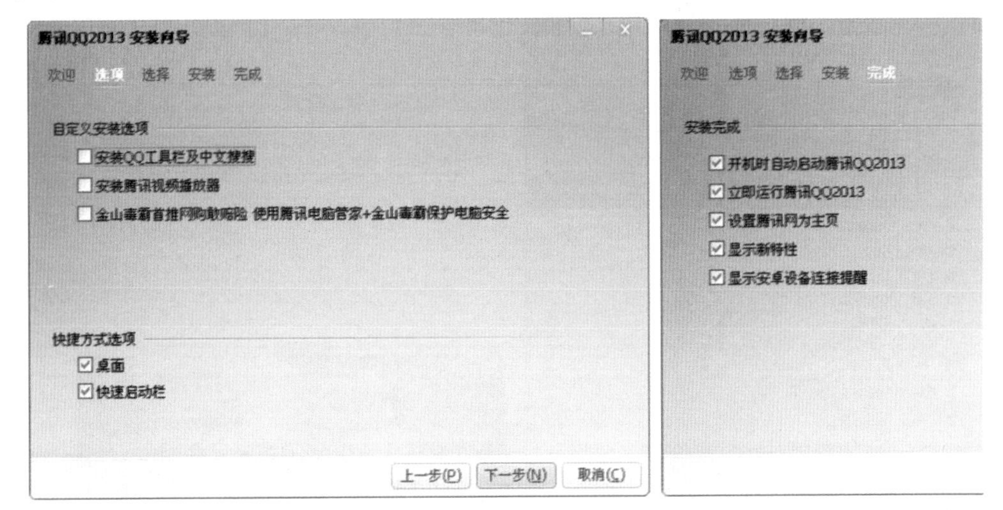

图1-9　取消安装QQ附带的其他程序　　　图1-10　完成QQ2013的安装

5．单击【安装】按钮，安装程序开始自动执行。

6．安装完成后，会弹出提示窗口告知用户已经成功安装了腾讯QQ。单击【完成】按钮完成QQ的安装，如图1-10所示。

申请你的 QQ 号

仅仅安装完 QQ 还是不能与你的朋友进行即时通信，因为你需要一个代表自己身份的 QQ 号。这个 QQ 号就像电话号码一样，通过它，你的朋友可以在 QQ 中找到你。你也可以使用 QQ 的搜索功能查找朋友的 QQ 号，把他们加为你的好友（图1-11）。下面，我们就来看看如何得到一个属于自己的 QQ 号。

1．首先，运行“腾讯 QQ”，在右侧有一个【注册账号】命令，如图 1-12 所示。单击该命令，QQ 会自动启动你的浏览器，打开“申请 QQ”号码的页面，如图 1-13 所示。在该页面上我们可以申请到新的 QQ 号码。

2．在其中需要你填写“昵称”（在QQ上你显示给好友的称呼，不要求是你的真实姓名）“性别”“生日”“国家”“省份”和“城市”（以上均不要求填写真实资料，如果不希望别人通过QQ得知你过多的个人信息，可以不填写）。

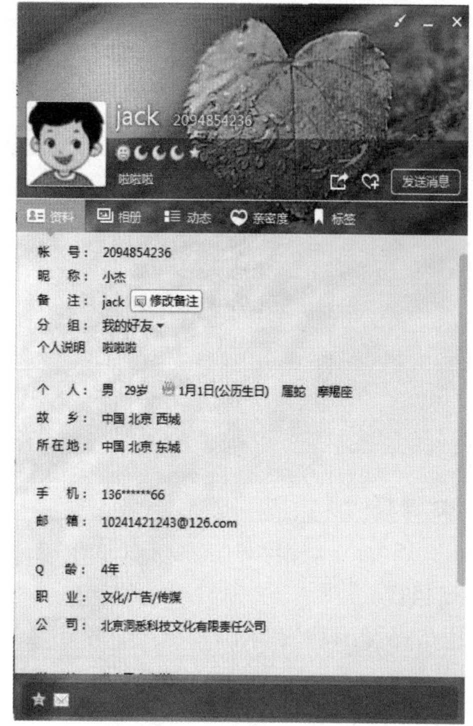

每个QQ用户都有一个唯一的QQ号。

图 1-11　属于自己的 QQ 号

图 1-12　QQ 登录主界面

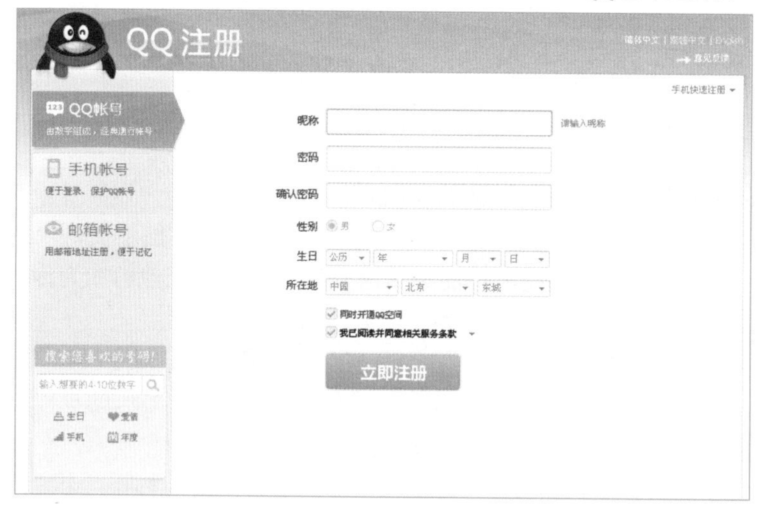

图1-13　QQ注册界面

3．然后，你需要在“密码”文本框中为自己的QQ号码设定一个密码，要求8~16位数字和字母组成，区分大小写，且必须包含字母、数字、符号中至少2种。因为

QQ经常发生盗号事件，所以请你一定要选择一个保密性强的密码。之后，在“重新输入密码”文本框里再次输入该密码以确认你的密码。

4．输入完成后点击【立即注册】。

5．接下来，你就可以看到申请得到的QQ号码了（图1-14）。在页面正中可以看到带红色显示的是可选QQ号码，选用它们是要付费的。现在，我们使用这个免费QQ号码，加入到QQ的大家庭中来吧。

6．在这里我们还可以设置QQ的永久保护。这部分内容放在本章的稍后部分再进行介绍。

提示 QQ号有多种不同的申请方式，腾讯公司为了赢利推出了不少花钱购买号码的措施。如果没有特殊需求，申请免费号码即可。

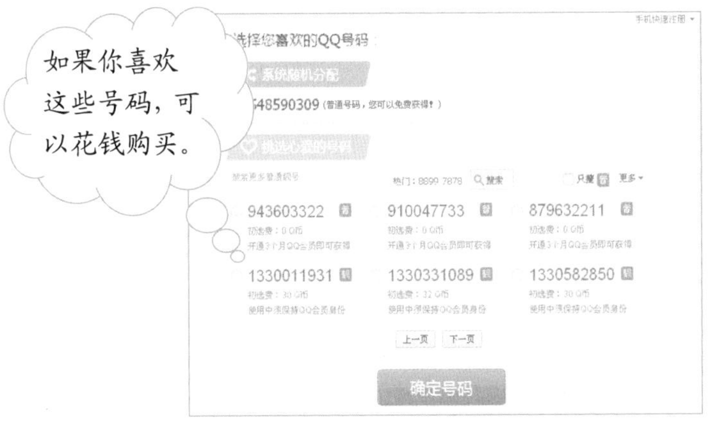

图1-14　QQ号申请结果

注意，这一服务要收取1元的手续费！

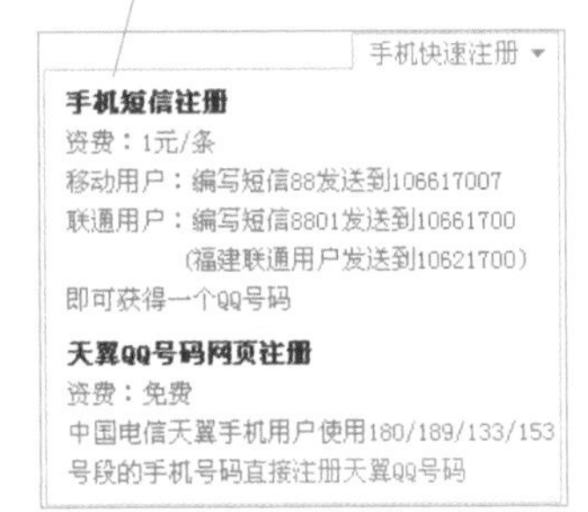

图1-15　手机注册信息

这里需要说明的是，由于目前用户数量已经很多，腾讯公司有意限制QQ号的申请，有可能通过网页的方式无法申请到新的QQ号（提示申请的用户过多，请你稍后再试，实质上只是申请网站不予通过的一个小花招）。那么，我们就不得不使用手机申请的方式来得到一个新的QQ号了。

1．在申请号码界面上点击“手机快速注册”链接，打开 “注册免费QQ号码”页面，如图1-15所示。

2．移动手机用户请发送88到106617007获取申请码。联通手机用户请发送8801到10661700（福建联通发送到10621700）获得申请码。

3．电信手机用户直接点击“直接注册天翼QQ号码”连接即可免费注册。

4．在收到申请号码后，你应该尽快使用该号码申请，否则可能会因为申请号码的时效过期而不能使用。如果你拖了太久的时间后再输入获得的申请号码，会收到系统提示告知你申请码已过期，请你重新申请一个。

5．在“申请码”文本框中填写你从手机上得到的申请码，勾选“我同意腾讯QQ用户服务条款”（直接通过网页申请的话默认是勾选的，而通过手机申请默认是不勾选的）。

6．之后的步骤和直接通过网页申请相似，不过不会受到“服务器忙，请稍候再试”这种提示信息的困扰了。在申请完成后一样会弹出图1-14所示的成功申请的窗口。记住你的号码，好好享受网络通信之旅吧。

提示　中国移动和中国联通用户请注意发送的号码，两者并不相同。

进行系统和账号的设置

图 1-16　QQ 设置界面

安装完 QQ 的软件，并且申请到自己的 QQ 号后，我们就可以开始即时通信之旅了。不过，在使用前先进行一下系统的基本设置可以使之后的使用事半功倍。下面，我们就来看一下如何配置 QQ。

在登录自己的 QQ 号码前可以进行如下的登录设置：

1．打开 QQ 程序，单击“QQ 用户登录”窗口中的【设置】按钮，弹出如图 1-16 所示的设置窗口。

2 ．在“登录模式”中可以选择“普通模式”“网吧模式”或“消息保护模式”。你可以根据需要进行选择，如图 1-17 所示。

3．如果你的计算机处于公司的局域网中，可能会因为公司的防火墙而不能访问 QQ 服务器，这时我们可以设置代理服务器以穿过防火墙。在图 1-17 的“网络设置”栏中的“类型”列表中选择“HTTP 代理”或者“SOCKS5 代理”，然后和设置网页代理一样，输入你找到的代理服务器地址、端口、用户名和密码。在登录 QQ 服务器时程序就会自动通过代理转接了。

图 1-17　选择登录模式

在登录 QQ 后我们可以进行更多的设置。

1．在“QQ 号码”文本框中填入申请到的 QQ 号码，在“QQ 密码”文本框中输入这个 QQ 号的密码，然后单击【登录】按钮，或者敲击键盘上的回车键，就可以开始登录 QQ 服务器了。

2．在第一次使用一个账号时，系统会弹出如图 1-18 所示的窗口，要求用户选择使用的模式，一般用户选择“普通模式”即可。然后单击【确定】按钮，QQ 开始登录。

3．在主界面下方找到【主菜单】按钮（见图 1-19）。单击该按钮后选择“设置”进入系统设置的窗口。

4．在如图 1-20 所示的“系统设置”窗口，在其中我们可以设置 QQ 的各种功能。

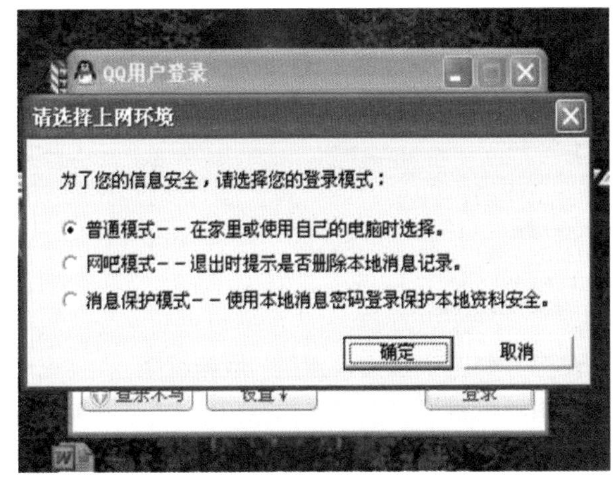

图 1-18 初次登录模式选择

图 1-19　【主菜单】按钮

下面，我们来看一下这些设置。

5．在【会话窗口】选项卡中，可以进行窗口设置和综合设置。如果没有特殊要求，这里可以使用默认设置：聊天窗口默认为合并模式，而非独立模式（独立模式为每个对话开启一个窗口，不易管理），同时不会自动弹出消息。但是，建议取消勾选“允许自动播放魔法表情和超级表情”和“允许接收窗口抖动”，这样，可以避免自动弹出的视频窗口中断你正在使用的程序。

6．接下来，在左侧单击“登录”，打开如图1-21所示的【登录设置】选项卡。最上方的是“开机时自动启动QQ”。如果不喜欢各种提示的话，在这里可以关掉。剩下的设置保持默认即可。

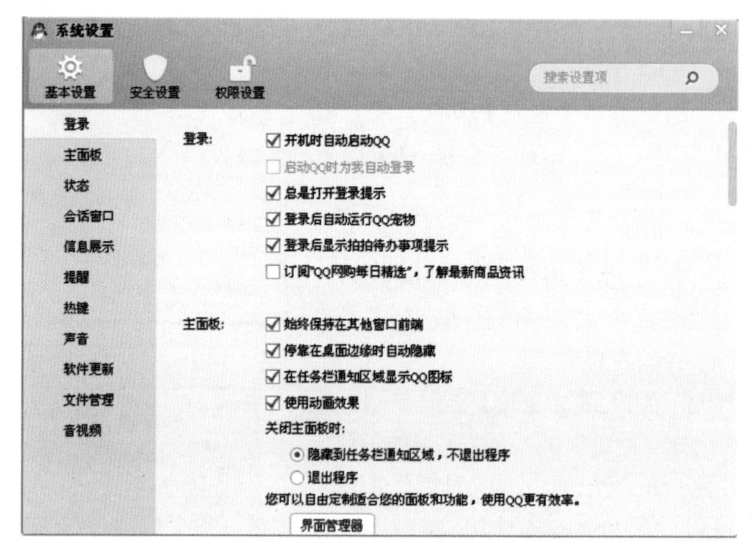

图1-20　系统设置窗口

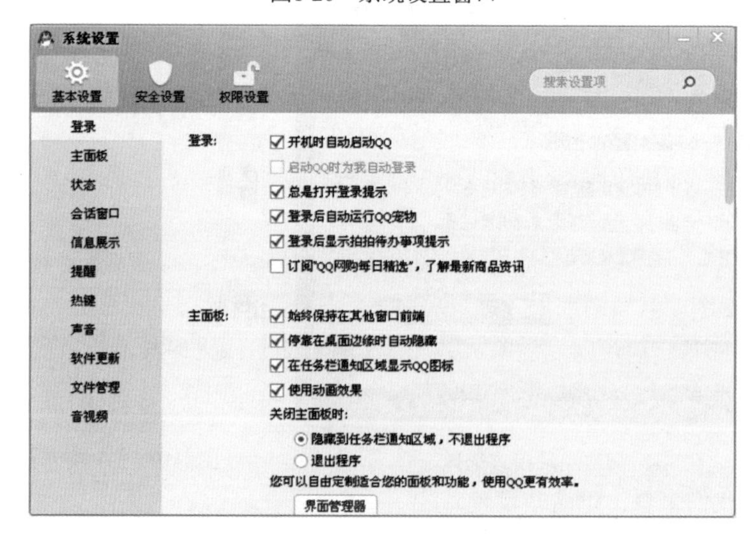

图1-21　登录设置窗口

7. 单击“热键”，切换到【热键设置】选项卡，单击其中的【设置热键】按钮，可以看到图 1-22 所示的对话框，其中表明提取消息热键为“Ctrl+Alt+Z”、捕捉屏幕热键为“Ctrl+Alt+A”。如果有要求，点击需要修改的热键，然后输入新的热键即可。之后，将发送消息的热键设成“按 Enter 键”发送信息，以符合个人习惯。

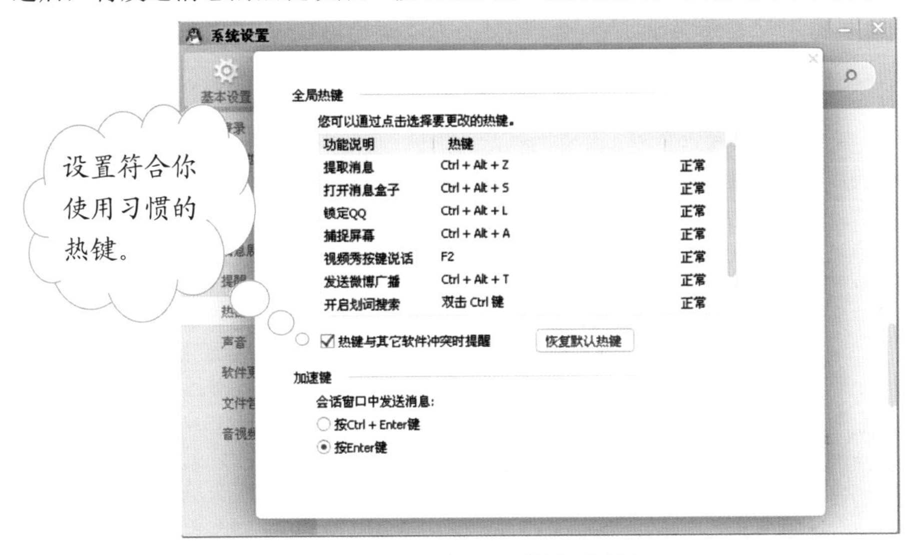

图1-22　热键对话框

8. 在【声音设置】选项卡中可以更改系统的提示音。单击【设置提示音】后，可以在“声音类型”列表框中选择是否开启或关闭某一类型的声音；如需要更改的系统提示音类型，可单击最右侧文件夹图标，从中浏览并选择一个需要的声音文件，如图 1-23 所示。

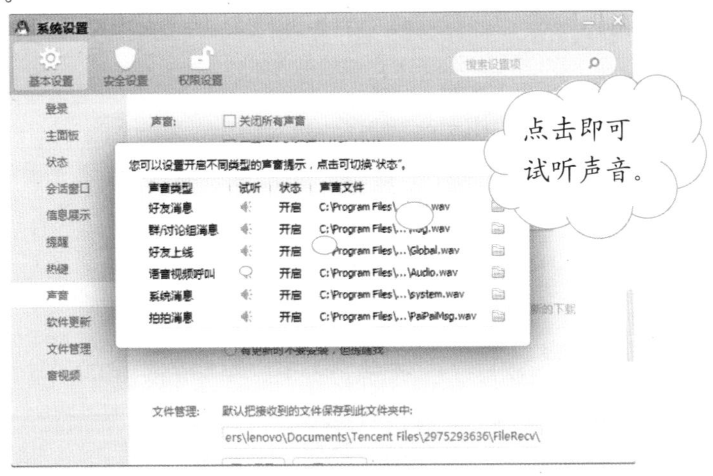

图1-23　热键对话框

9．切换到【状态】选项卡，如图 1-24 所示，我们可以设置自动状态转换和快捷回复。在“状态切换设置”中，可以设定键盘和鼠标多长时间无反应后将 QQ 的状态转为“离开”“隐身”或“离线”状态。在“自动回复设置”中可以设置当你离开时如果接收到消息系统自动回复的信息。而在“快捷回复设置”中，可以设置你自己的快捷回复，方便你快速地输入一些简短的回复信息。

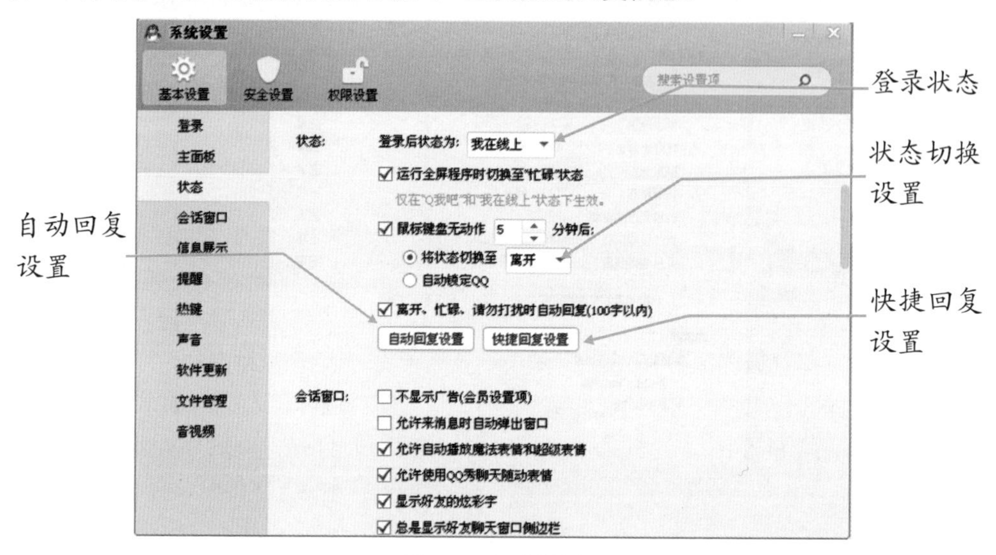

图1-24　状态设置

10．在【文件管理】选项卡中，我们可以设定接收文件的默认存储目录。

11．最后，如图1-25所示，在【权限设置】里我们可以设置自己的安全权限，以避免来自网络上陌生人的骚扰。

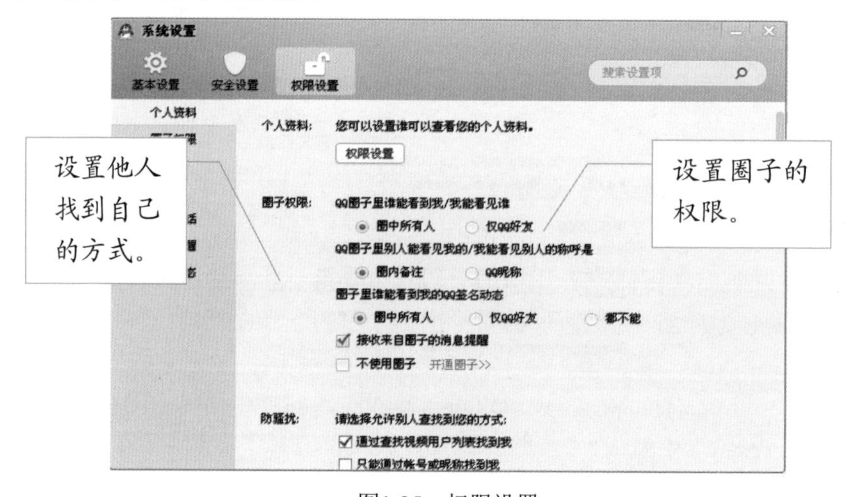

图1-25　权限设置

提示　个性化设置自己的账号可以让你的朋友更快更准确地找到你。

在前边我们谈到了如何进行系统设置以使得使用QQ时更为简便快捷。在这节里，我们再来说说如何对自己的账号进行个性化设置，从而使自己的账号变得与众不同，充满个性。

1. 右键单击个人头像，在打开的菜单中选择【修改个人资料】命令（图1-26），启动图1-27所示的个人设置窗口。接着单击【编辑资料】按钮。

图1-26 设置自己的账号

右键单击头像打开设置菜单。

修改头像

保存修改

图1-27　修改个人资料

2. 在“用户昵称”文本框中可以修改自己的名称，不过，修改之前一定要先通知QQ上的朋友哦，否则他们可就不知道你是谁了。“个性签名”文本框中可以输入自己的个性签名，个性签名会显示在你的昵称下面。之后的各个资料选项就看你的心情决定是否要填写了，它们对你使用QQ不会有什么影响。

3. 接下来我们可以修改头像。个人资料窗口上方显示的是当前头像，默认状况下是一个QQ的企鹅图标。下面我们来更改一下。单击头像下方的【更改头像】按钮，打开如图1-28所示的“更换头像”窗口，单击【经典头像】选项卡，在其中可以看到近百个待选头像，选择一个你喜欢的，然后单击【确定】按钮。

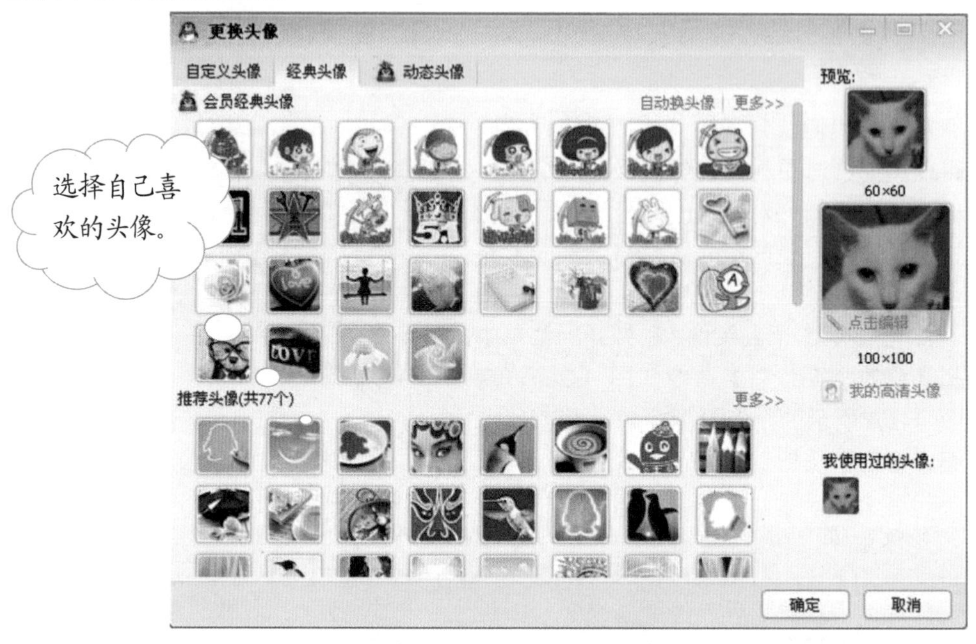

图1-28　选择头像

提示　只有会员或者等级太阳以上的用户才可以自定义头像。为了自己的头像，努力挂QQ吧。

4. 如果所有的待选头像里都没有你喜欢的，我们也可以自己上传头像。首先单击“更换头像”窗口中的【自定义头像】按钮，打开图 1-29 所示的“QQ 自定义头像”窗口。在其中选择【本地照片】命令。在打开的“会员头像”窗口中单击【浏览】按钮，选择一个你所钟爱的头像图片，连续单击两次【确定】按钮，就可完成本地自定义头像的上传了。

提示　目前腾讯QQ的支付体系十分发达，使用内置的Q币系统可以购买头像特权、炫彩特效等内容。

图1-29　上传个性化头像

添加QQ好友

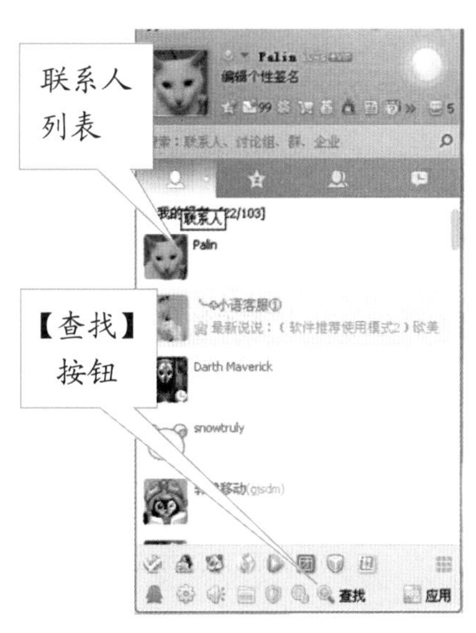

图1-30　添加一个QQ好友

经过辛苦的设置，我们终于完成了准备工作，下面就要进入实质性的阶段了：使用QQ联系朋友，与他们进行即时通信。但是，刚刚申请的QQ号中空白一片，没有任何一个可以用来联系的对象。使用QQ联系朋友的第一步，就是查找和添加好友，让自己的联系人列表充实起来。

1．将QQ的联系人列表切换到“好友”，如图1-30所示。

提示　QQ好友列表中可以看到不同颜色的好友昵称，这是因为有人购买了QQ会员。

2．单击右下方的【查找】按钮，打开图 1-31 所示的“查找联系人”窗口。

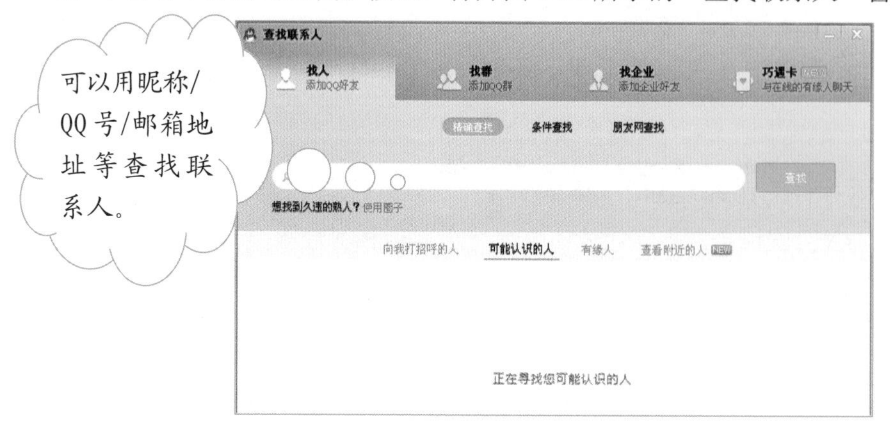

图 1-31　查找联系人窗口

3．我们要添加的是朋友，所以选择“精确查找”，然后在“精确条件”中输入朋友的 QQ 号或昵称，单击【查找】按钮。

4．之后会打开如图 1-32 所示的窗口，其中显示了 QQ 通过你的条件查找到的用户的“账号”“昵称”以及“来自何处”。如果是通过昵称查找的用户，可以通过“来自何处”确认是否就是你要找的人。

图 1-32　查询结果

提示　建议使用 QQ 号进行查找，因为昵称很有可能出现重名现象。

5．选中一个你要添加的用户，单击【加为好友】按钮。

6．通常用户都会设置“需要身份认证才能把我列为好友”，因此在点击“加为好友”按钮后会弹出如图1-33 所示的对话框要求你输入验证信息。验证信息最好可以告诉对方你是谁，以防对方认为是陌生人骚扰而拒绝你的申请。最后选择要将好友加入的分组，点击【确定】按钮。

图 1-33　输入验证信息

7．之后，只需要耐心等待你的朋友通过你的申请就行了。在申请被通过后，你可以看到一条告知你对方同意你加他为好友的系统消息，对方的账号也会出现在你的“QQ 好友”列表之中。

8．有的时候我们想和陌生人聊聊，这时便可以选择“朋友网查找”，QQ 会随机列出一些你可能认识的在线的人，你可以从中选择一些加为好友，进行聊天。

提示　在与陌生人的交流中请注意信息的保密，以防被骗和泄露自己的个人信息。

开始聊天

通过添加好友，新账号的 QQ 好友列表不再是空白，我们便可以开始和朋友聊天了，如图 1-30 所示。

由于现在只有很少的几个好友，所以他们都被放在“我的好友”这个目录之下，目录里最靠前的那个是自己，之后的是你的各位好友。

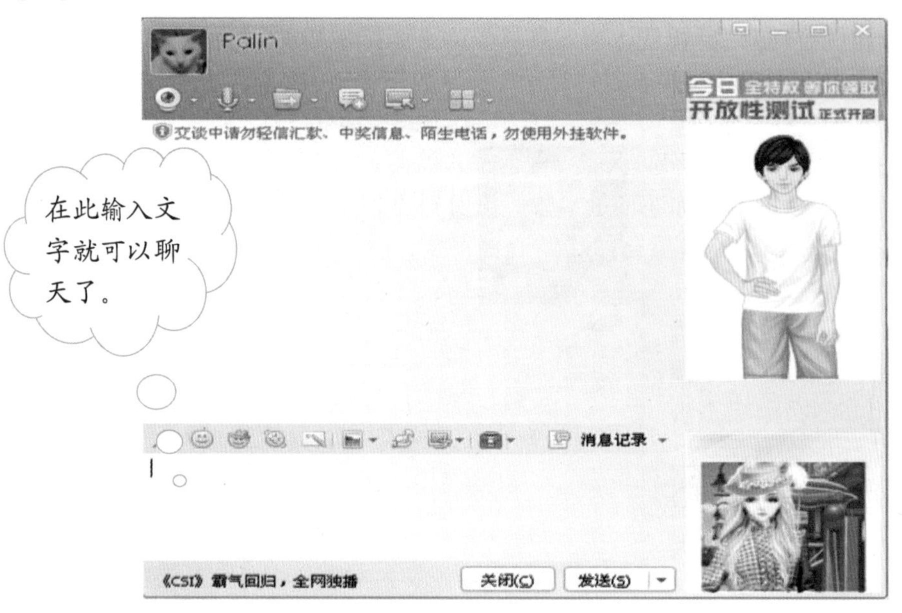

图1-34　聊天窗口

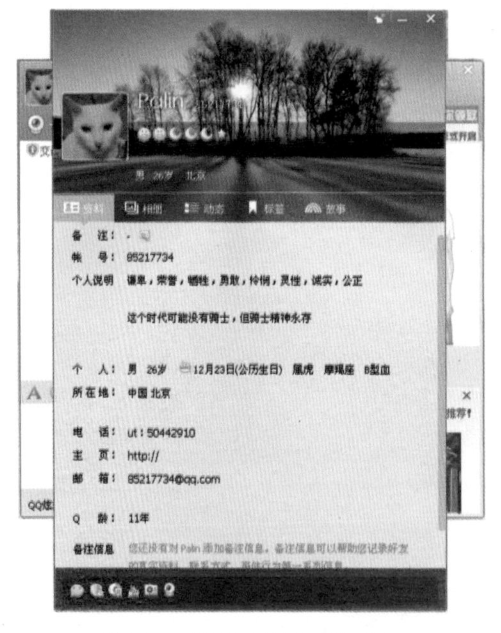

图1-35　聊天对象的资料展示

如果希望和某个朋友进行交流的话，需要双击好友列表中他的头像图标，打开一个聊天窗口。如我希望和名为 Palin 的好友聊天，就双击昵称为“Palin”的头像图标（一只猫），之后便会打开如图 1-34 所示的窗口。下面来介绍一下窗口的各部分。

1．窗口最上方是标题栏，标题栏中的文字显示了你正在和谁聊天。

2．标题栏之下是菜单和工具栏，分为“聊天”“娱乐”“应用”和“工具”等，每项中包含了很多实用工具（之后会具体介绍）。

3．工具栏之上显示了你正在聊天的对象及其个性签名，单击可以打开如图 1-36 所示的窗口，可以看到对方的资料。

4．再往下是显示双方聊天信息的地方，可以翻页。

5．最后的文本框就是输入信息的部分，你可以在这里输入要告诉朋友的信息，

然后按回车键即可发送信息。

通过以上的了解，你便可以使用 QQ 与朋友进行即时通信了。但是，QQ 的功能不仅仅是文字即时通信这么简单，正如第一节介绍的，QQ 可以进行图片和文件的传输，在聊天中支持表情的输入，还可以进行音频、视频聊天等。下面，我们就来看看如何实现这些文字之外的功能。

● 发送图片和表情

在和人面对面聊天的过程中，可以通过表情表达很多语言无法表达的内容，而在 QQ 中，我们则可以通过插入表情图标来达到这一目的。

1．在打开的聊天窗口中，单击左下方的“选择表情”图标，打开图 1-36 所示的表情选择界面。

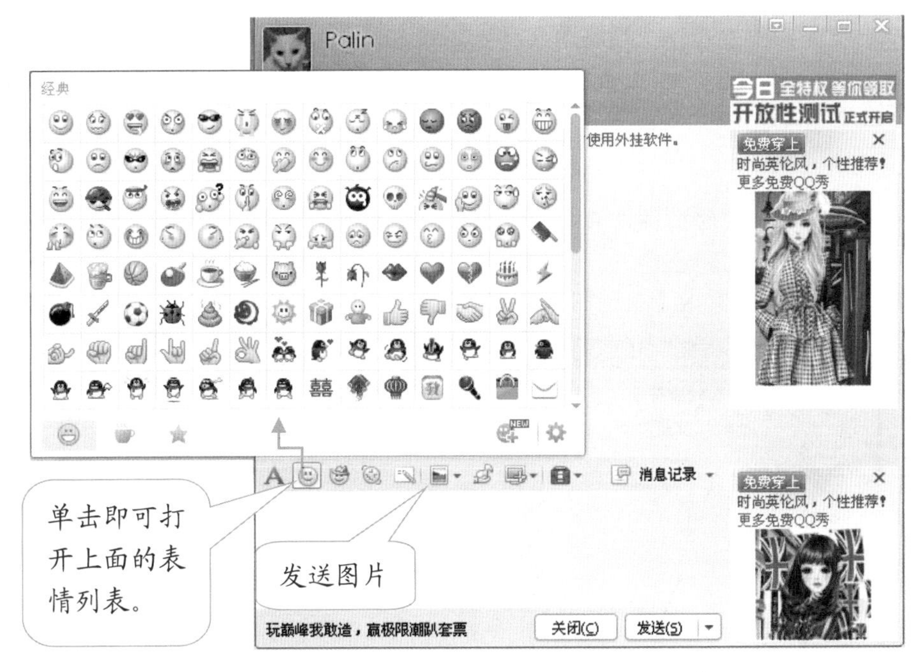

图1-36　在聊天中插入表情

2．如图 1-37 所示，QQ 默认自带了近百种表情图标，你可以通过直接单击需要插入的表情图标将该表情插入到你正在输入的信息当中。

3．如果你有更喜欢的表情，可以下载相应的 QQ 表情包（包含大量新鲜表情图标的文件包），然后将新表情添加到表情列表中。这样，可以在和朋友聊天的过程中给他们一个惊喜。

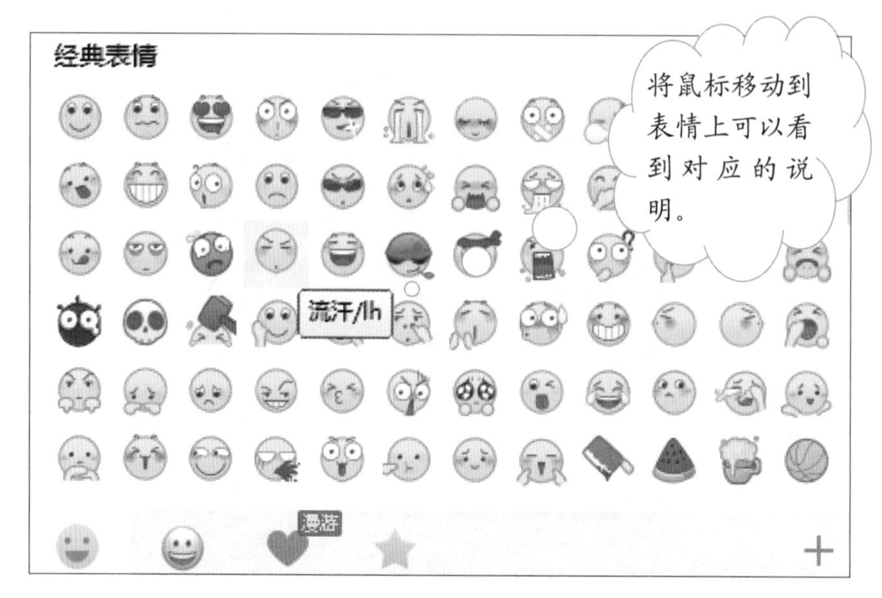

图1-37 QQ默认表情列表

同发送表情表达感情同样的，我们也可以在聊天的过程中给朋友发送图片用来说明自己的想法。

1．在聊天窗口单击【发送图片】按钮，打开图1-38所示QQ的图片收藏夹。

图1-38 查找图片对话框

2．在“打开”对话框中找到你想要传送的图片，可以在窗口的右侧看到图片的预览。

3．找到需要传送的图片后，按回车键，将图片插入到将要发送的信息中，如图 1-39 所示。

4．在聊天窗口中按回车键，将图片发送给朋友。

图1-39　发送图片和文件

● 传输文件

QQ 不仅可以通过消息传递文字、表情和图片，而且可以用来传输各种文件，下面我们就来看一下如何操作。

1．在聊天窗口中切换到【聊天】菜单，单击“传送文件”工具，打开类似资源管理器的窗口。

2．找到需要传送的文件（可以是文字、图片、影视等），双击，QQ 开始与对方建立连接，在聊天信息窗口中会出现如图 1-40 所示信息。

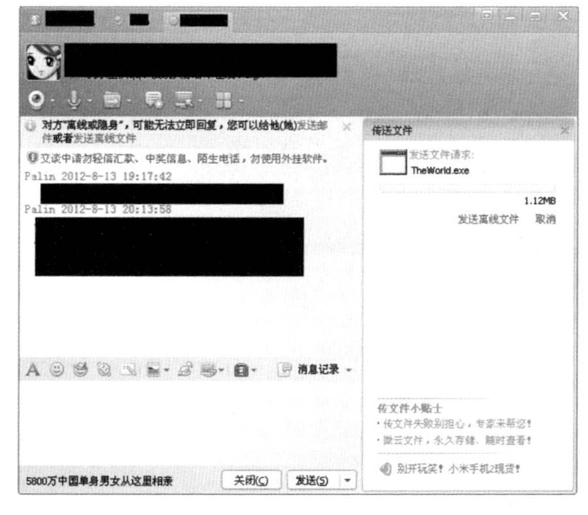

图 1-40　传输文件

3. 这时对方的聊天窗口中会弹出提示接收文件的信息，你只需要等待对方确认接收文件即可。同时，你也可以点击【取消】，撤销这次文件传送。

提示

QQ 安全中心为了防止木马病毒的传播会自动阻止.exe 文件的传递。传送.exe 文件之前请先更改扩展名。

使用音频和视频聊天

拥有一台带有键盘鼠标的计算机，你就可以直接和好友通过腾讯 QQ 进行文字聊天了。但是，你若希望使用音频或者视频和远方的朋友交流，就需要首先满足一定的硬件条件。本节将向你简要介绍使用音频或视频聊天前要做什么准备——安装耳麦、摄像头等硬件设备，并做相应的软件配置使它们可以正常使用。

- 音频通讯的准备

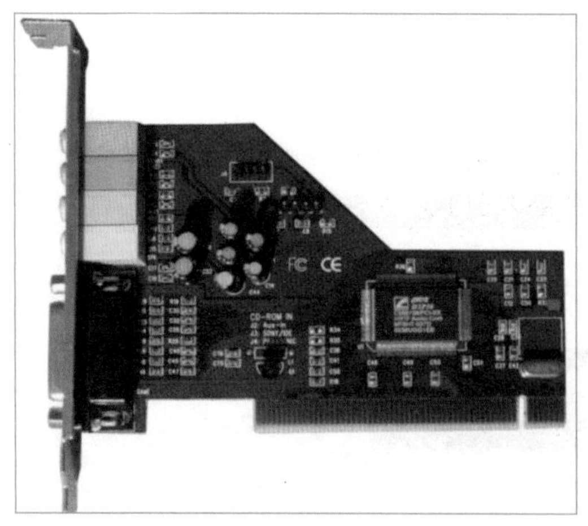

图 1-41　使电脑拥有声音处理功能的声卡

要进行音频通讯，首先要在你的计算机中安装一块声卡（图1-41）用以处理音频信号的输入和输出。通常，购买的计算机都会带有一块声卡，你可以在Windows系统提供的设备管理器中查看声卡的安装情况，如图1-42所示。

有了声卡，计算机便可以处理和输出音频信号了。但是，我们要想用计算机进行语音交流，必须还有最基本的声音输入输出设备，就像电话需要有话筒和听筒一样。这种可以同时实现声音输入输出功能的计算机外设被称为“耳麦”，即将耳机和麦克风结合在一起的设备，如图 1-43 所示。

耳麦的安装十分方便：目前的计算机在主板设计时都会在机箱前面板上预留出安装耳麦的接口，通常位于前面板的最下方，为两个圆形的插孔，一个上边印着耳

图1-42　在windows中查看声卡安装情况

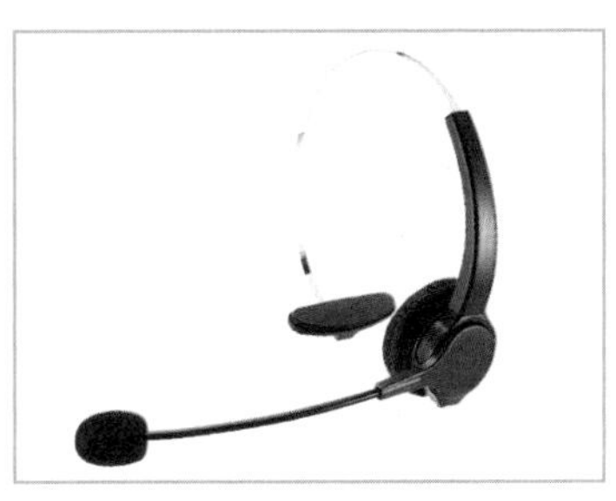

图 1-43　耳麦

机的图标，另外一个印有麦克风的图标，一红一绿，如图 1-44 所示。而耳麦也对应的有两根连线，接头同样一红一绿，红接头上标着麦克风的图标，绿接头上标着耳机的图标。将对应颜色的接头插入相同颜色的接口中，就完成了耳麦与计算机的连接工作。

图 1-44　耳麦连接孔

由于耳麦这一设备比较简单，因此不需要进行软件上的配置，只需要将其和计算机连接上，就可以直接使用了。如果耳麦连接后不能正常工作，请检查主板和声卡的驱动程序是否安装正确。

- 安装摄像头

在使用视频通讯功能之前，我们需要安装摄像头。安装摄像头的步骤比安装耳

麦要复杂一些，具体步骤如下：

1．现在买到的摄像头一般都是 USB 接口的（图 1-45），但是同其他可以即插即用的 USB 设备不同，摄像头需要预先安装专用驱动才可以正常使用。

图 1-45　摄像头

2．打开摄像头的包装后，先不要急着将其连接到电脑上，而是找出包装盒中的驱动光盘，将其放入计算机的光驱中。如果在没有安装驱动程序的情况下提前插上摄像头，当 Windows 提示安装驱动程序时，请单击【取消】按钮并将其拔出，再按下面的步骤进行安装。

3．放入安装光盘后，将弹出类似图 1-46 的驱动安装选择画面（按厂家会有所不同），但不论是何种安装提示画面，在其中选择安装你购买的摄像头型号所对应的驱动即可。在安装过程中无需做什么设置，只要一路单击【下一步】按钮直到出现安装完成的提示窗口即可。

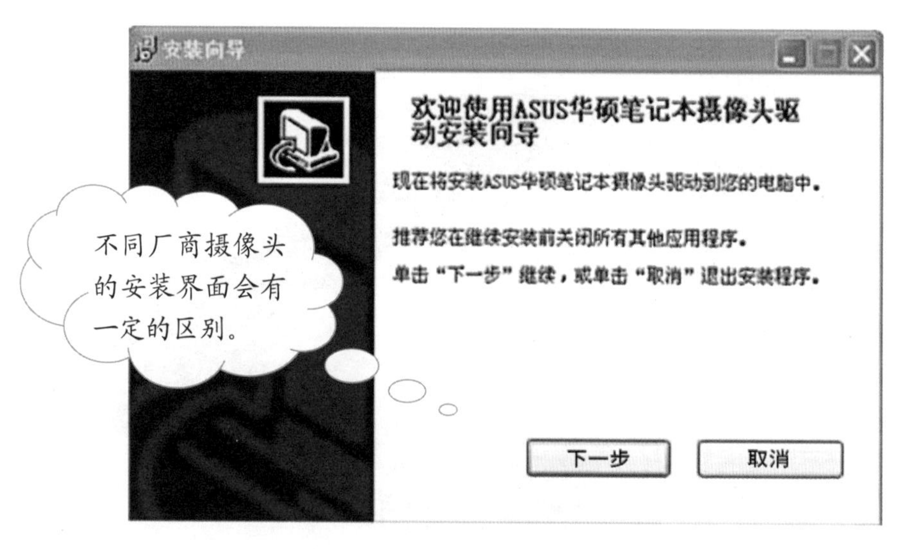

图 1-46　摄像头安装方式

4．如果你使用的是 Windows 98 或 Windows ME 操作系统，请务必选取“Yes, I want to restart my computer now.”选项，而后单击【完成】按钮重启计算机。当重新启动完成后，将摄像头的连线插入计算机 USB 接口，系统将自动完成设备的识别和配置。如果你使用的是 Windows 2000 或者 Windows XP 、Windows7/8 系统，直接将摄像头连接到 USB 接口上，系统即会自动识别。

5．在驱动安装完毕、硬件也连接完毕后，我们可以从系统托盘中看到显示 USB

设备已经成功连接的提示，如图 1-47 所示。这时你同你的朋友就可以使用摄像头开始视频聊天了。

6. 如果安装过程中出现问题导致摄像头连接好后无法正常工作，则需要重新安装。首先，右击“我的电脑”图标，选择【属性】命令，打开“属性”窗口。然后切换到【硬件】选项卡，单击【设备管理器】按钮，打开“设备管理器”窗口，在其中删除掉带有惊叹号的 USB 设备（图 1-48）。删除完毕后重启计算机，再将驱动光盘放入光驱，重新安装一遍摄像头驱动。通过以上操作，一般可以解决大部分问题。

图1-47 USB设备安装成功

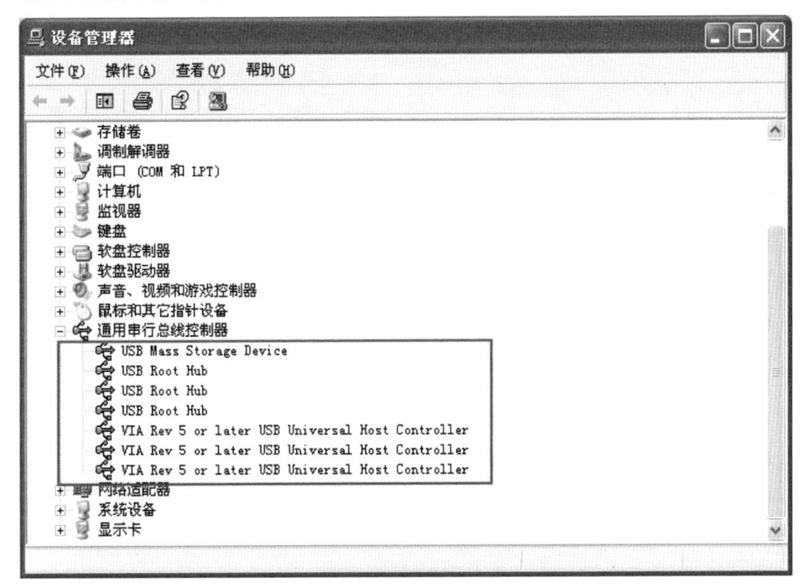

图1-48 查看未能正确安装的设备

对于打字不熟练的人来说，使用这种交流方式可能会效率很低。为了方便这一类人，同时满足其他用户希望语音交流的需要，QQ 内置了音频聊天系统。通过这一系统，你和朋友之间可以像打电话一样使用 QQ，虽然音质可能不及专门的网络电话，但这一切都是免费的。在配置完硬件设备后，我们就可以开始使用语音和视频聊天了。

1. 单击菜单工具栏中的“语音聊天”工具，QQ 开始与对方建立语音聊天连接，如图 1-49 所示。这时你需要等待对方的响应。

2. 作为被邀请方，会出现如图 1-50 所示的窗口，单击【接受】则同意对方的

连接请求，与对方建立连接，单击【拒绝】则会拒绝对方的连接请求，与对方断开语音连接。

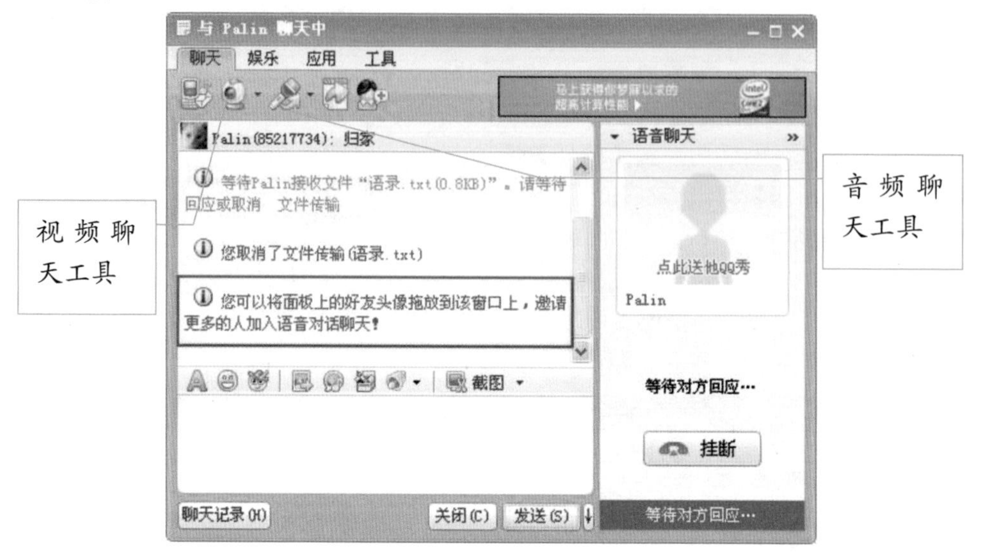

图1-49　邀请对方进行语音聊天

3．被邀请方同意后，双方便会通过UDP建立语音连接，这时两边就可以通过麦克风和耳机像打电话一样进行语音通讯了。

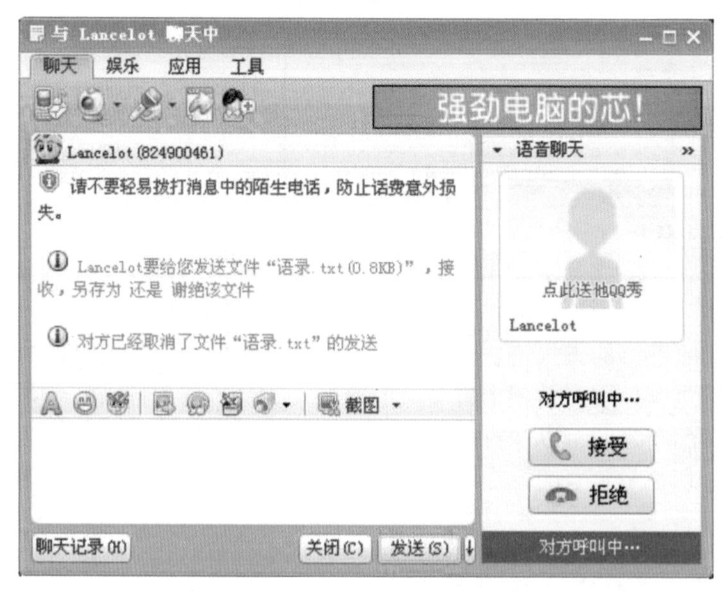

图1-50　接到一个语音聊天邀请

可是人们并不满足于可以听到亲朋好友的声音，还希望在聊天时能够看到对方

的相貌，使得交谈变得更像是在面对面，更有真实生活的气息，也好像把科幻小说中的技术搬到了现实中。QQ 提供了视频交谈功能来满足人们的这一要求。

1. 单击菜单工具栏中的“视频聊天”工具，QQ 开始与对方建立视频聊天连接，如图 1-51 所示。同语音聊天一样，你仍然需要等待对方的响应。

图1-51　邀请对方进行视频聊天

2. 和语音聊天的邀请步骤相同，作为被邀请方，会出现如图 1-52 所示的窗口，单击【接受】则同意对方的连接请求，与对方建立连接；单击【拒绝】则会拒绝对方的连接请求，与对方断开视频连接。

3. 两方建立视频连接后，可以在聊天窗口的右侧看到对方摄像头拍摄到的影像，从而实现了视频聊天。

图1-52　接到一个视频聊天邀请

管理QQ好友

随着QQ使用时间的增加，好友列表中会出现越来越多的人（图1-53）。如果将所有的人都放在“我的好友”这一个目录下，势必会造成混乱（尤其是在好友昵称相同的时候），我们在寻找一个联系人时也会很麻烦。下面，就来说说在QQ中如何整理和管理好友列表。

1．在“QQ好友”列表中单击右键，弹出快捷菜单，选择其中的【添加组】命令，如图1-54所示。

2．然后，输入新建的组的名称，如“编辑”，按回车确认建立。

3．建立完成后我们可以看到“QQ好友”列表中多出一个分组“编辑”。

4．之后可以重复第一二步建立更多的分组。

图1-53　未整理的好友列表

图1-54　添加一个新分组

5. 点击位于“我的好友”组中的好友头像，并将他们拖动到新建立的分组中，便完成了QQ好友的整理工作，可以得到如图1-55所示的好友分组列表。

图1-55　整理完的好友列表

6. 有时我们会因为这样那样的原因加一些陌生人为好友，长期不联系后看到他们的昵称甚至想不起他们到底是谁。对于这些名存实亡的“好友”，我们可以在列表中删去他们，从而精简QQ好友列表。方法是：右键单击需要删除的好友图标，在弹出的快捷菜单中选择【删除好友】命令，如图1-56所示。之后会弹出确认删除好友的对话框，在其中单击【确定】按钮，将该好友从好友列表中彻底删除。

7. 有时我们会遇到一些很讨厌的人，总是说一些无聊的话骚扰我们，这时可以将他们加入黑名单以避免骚扰。方

图1-56　删除一个好友

法是：右键单击好友图标，选择【将联系人移动到】|【黑名单】命令，那些讨厌的人就再也无法骚扰你了。

提示 分组后查找好友仍然困难，你可以直接在键盘上输入好友昵称的首字母或者全拼，QQ会自动定位符合条件的好友。

QQ群

QQ 不仅提供了一个一对一交流的网络平台，更是创新性地提出了多对多网络交流平台的概念。通过 QQ 提供的交流平台（即 QQ 群），我们可以实现朋友之间的讨论，上级对下级的通知，以及简短的商务会议的功能。

下面我们就来看看这个功能强大的 QQ 群（图 1-57）是如何工作的。

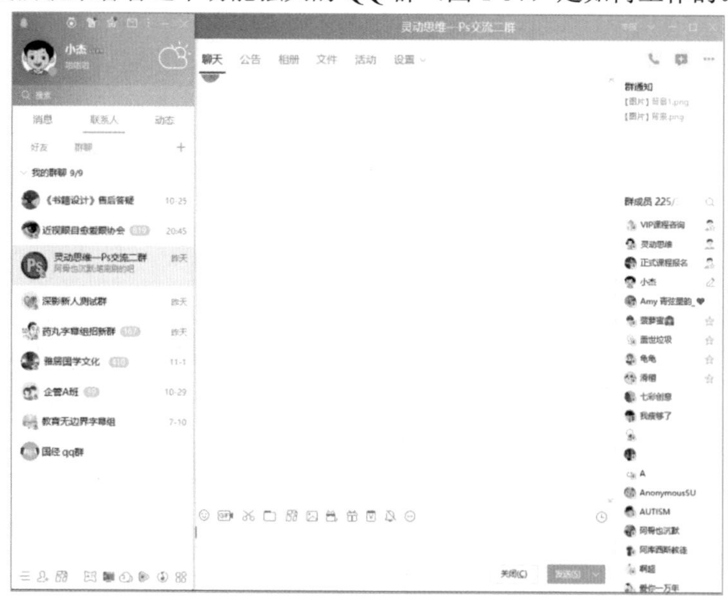

图1-57　QQ群

我们可以通过如添加好友相似的方法加入一个 QQ 群：

1．首先将 QQ 的列表窗口切换到“QQ 群”列表，然后单击 QQ 主窗口右下角的【查找】按钮，打开“群查找”窗口。

2. 在图 1-58 所示的"群用户查找"窗口中，在"输入群号码"文本框中输入你的朋友提供给你的群号码，然后单击【查找】按钮。

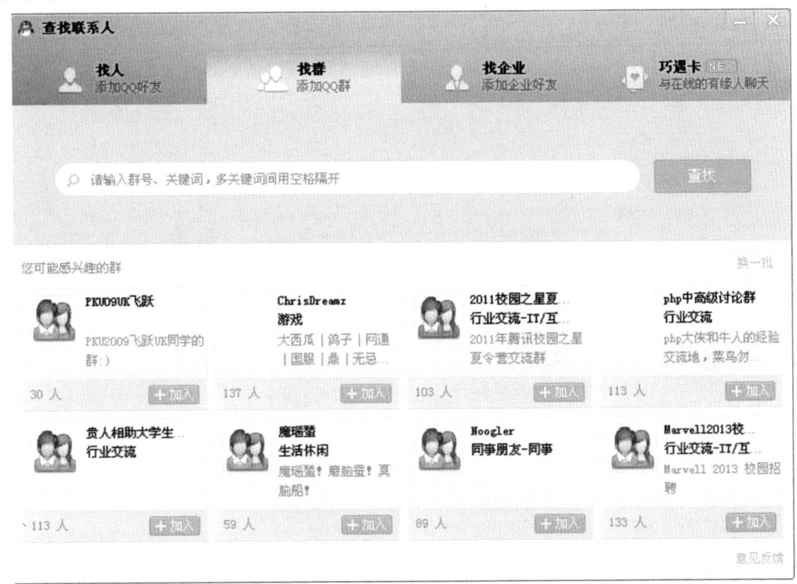

图 1-58　群查找窗口

3. 找到后会出现图 1-59 所示的窗口，其中显示了群的基本信息。当确认这就是你想要加入的群之后，选中该群，单击【加入该群】按钮。

4. 有的群需要群创建人或者管理员通过验证你才能加入，这时会弹出对话框要求你输入验证信息。输入可以表明你身份的信息后按【确定】按钮，然后等待群主（群的创建者）或者管理员通过你的验证。

5. 有时可能你并不是要特别加入某个群，只是想看看有没有符合你兴趣爱好的群组，这时在查找群组时可以使用关键字进行查询，如图 1-60 就是查询"游戏"相关的群组，你可以在找到的群组中选择一个加入。

图 1-59　找到的群的基本信息

图1-60　查找一个主题的群

在加入一个 QQ 群后，我们就可以在其中发送消息和浏览其他人的发言了。

1. 将 QQ 窗口切换到“QQ 群”列表，双击其中的群图标，打开图 1-61 所示的群窗口。

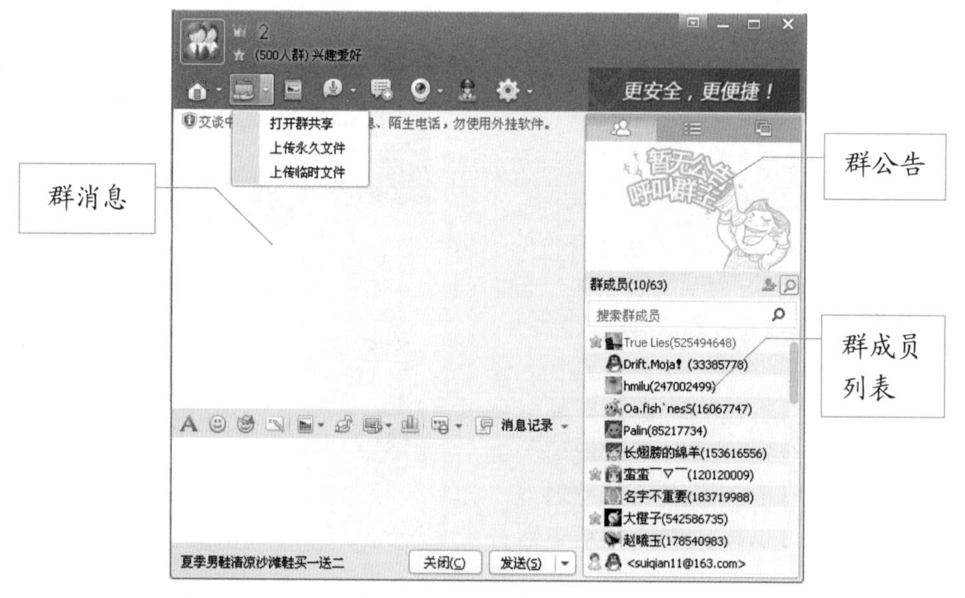

图1-61　QQ群窗口布局

2. 该窗口左侧是聊天部分。这部分和与单人聊天时的布局相似，也分为消息阅

读区和消息输入区。窗口的右上角是群公告，群主和管理员可以在此发布需要群里成员了解的公告信息。窗口的右下角是群成员列表，显示了每一个加入此群的人的昵称和QQ号。

3．在群中基本的聊天方式也和一对一聊天相同，只是消息阅读区中显示了每一个群成员发送的消息。

4．如果想和群中的某一个人私聊，可以双击群成员列表中该人的头像，打开如图1-62的“会话”窗口，在其中就可以进行单独的交流了。

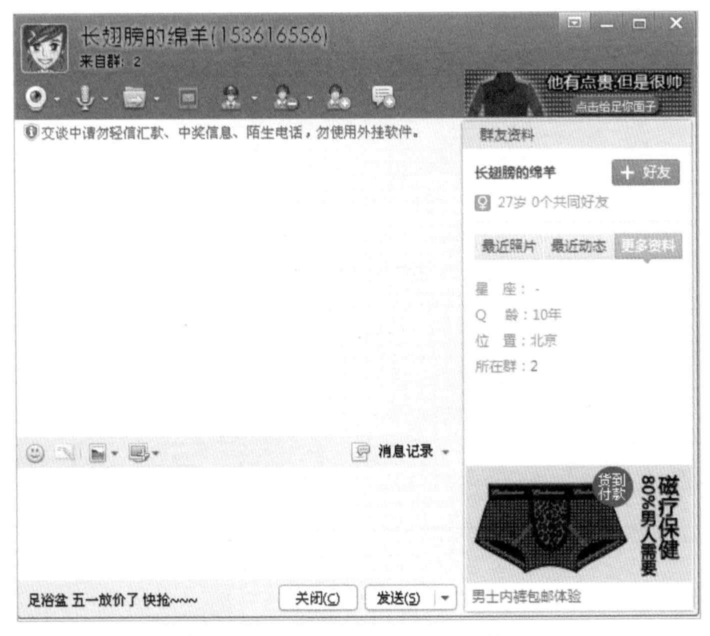

图1-62 在QQ群中开启私聊窗口

提示 如果群中你想私聊的用户同时也是你的好友，那么双击时并不会打开会话窗口，而是打开一个一对一的聊天窗口。

5．如果觉得某个群很烦又不想退出该群的话，可以选择拒绝该群的消息。单击【群设置】按钮，在下拉菜单中选择“群消息设置”，打开“群资料/设置”窗口。在其中可以按你的想法设置“拒绝接收消息”或者“接受但不提示消息”。

保护你的 QQ

由于 QQ 的使用范围广，使用人数多，以及各种会员、娱乐活动涉及人民币交易，QQ 一直以来都是网络信息犯罪的主要目标，其中又以盗取 QQ 号码的犯罪行为最为流行。由于网络犯罪难以取证，QQ 号码被盗后（图 1-63）通常难以通过公安机关的司法渠道找回，这就需要我们提高安全意识，保护好自己的 QQ。

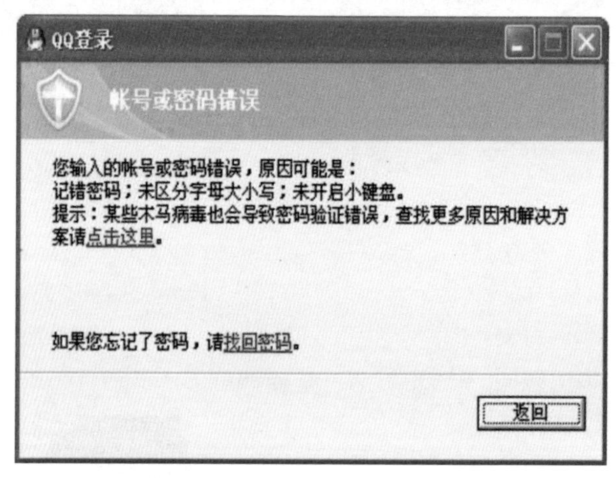

图 1-63　QQ 密码被修改，无法找回账号

一般来说，盗号者的目标就是取得用户 QQ 账号所对应的密码，从而获得该 QQ 号码的全部使用权限。而从腾讯公司的密码数据库中取得密码显然不是件轻而易举的事情，因此大部分黑客会选用在用户的计算机中植入木马的方法窃取用户的密码，反木马也就成了我们的主要工作。

下面，我们就来看看怎样使用腾讯 QQ 提供的工具来完成这个工作。

1. 在老版本的 QQ 中没有自带搜索木马的功能，我们通常使用专业的杀毒软件来查杀木马。而在最新的 QQ 软件中，已经自带了查杀木马的工具，如图 1-64 所示。在每次登录 QQ 之前，我们可以自动查杀木马。

提示　QQ 自带的木马查杀程序可以发现并解决大部分针对 QQ 的盗号木马。

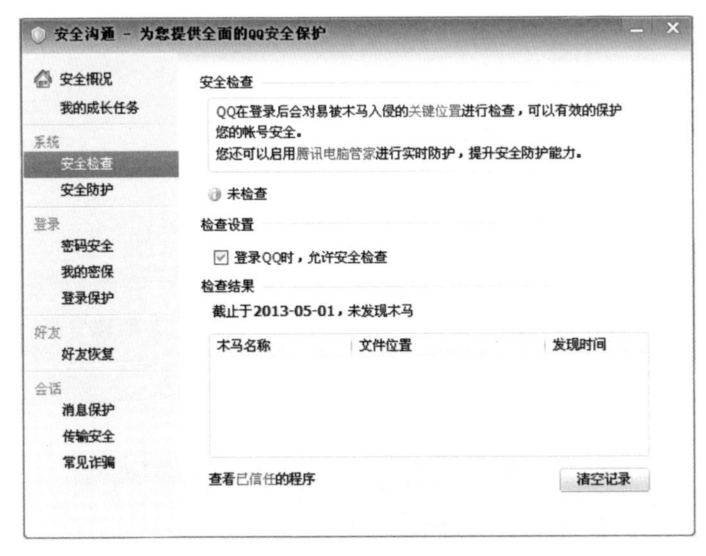

图 1-64　QQ 安全检查

2．如果检查结果发现漏洞，程序会自动修复。

3．在发现木马后，如果不放心自己计算机的安全，还可以使用“腾讯电脑管家”对计算机进行进一步的安全检查，点击后会出现如图 1-65 的提示，按照提示进行下载和安装就可以了。该软件可以进行包括扫描盗号木马和 QQ 尾巴病毒、扫描 Windows 系统漏洞、检查 QQ 基础功能完好性在内的一系列检查修护工作。对于一般用户，不需要了解每一个具体选项是做什么的，只需要单击窗口右下角的【全面扫描】按钮，腾讯电脑管家就会开始全面诊断计算机的安全性了。

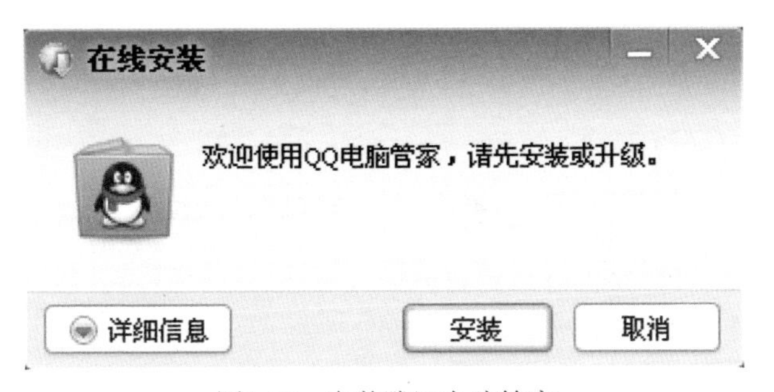

图1-65　安装腾讯电脑管家

4．接下来，点击【全部修复】按钮，由腾讯电脑管家自动完成安全性漏洞的修复。

提示

如果全面扫描没有发现问题，说明你的 QQ 在该计算机上处在一个很安全的环境中，不必担心盗号的风险。

通过 QQ 医生可以修复计算机上的安全漏洞，但还是无法保证完全避免密码被窃取和修改。在申请 QQ 号时，已经采取了很严格的密码保护措施，为了避免被盗号的损失，我们还可以再次加强密码的保护。

1. 打开互联网浏览器窗口，在地址栏中输入“http://aq.qq.com/”，进入 QQ 号码安全中心页面，如图 1-66 所示。

2. 使用输入 QQ 号、QQ 密码登录 QQ 账号服务中心（图 1-67）。在其中可以看到目前账号已经设置了“密保手机”，安全等级是“75 分”。页面中提示还需要做什么以进一步加强账户的安全性，按照提示把风险项全都修复即可最大限度地保障你的 QQ 账号安全。

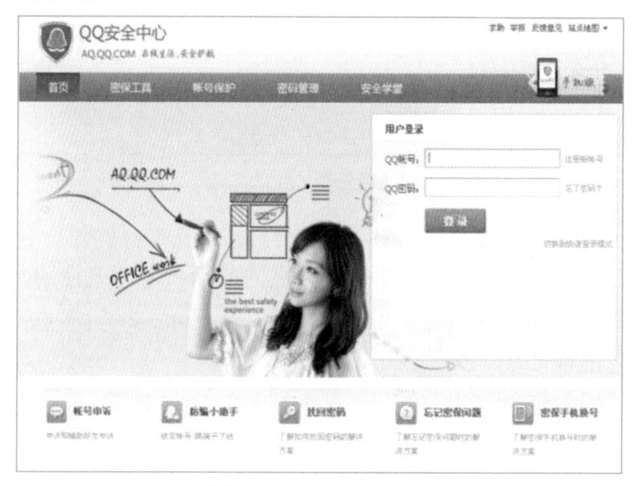

图1-66　QQ安全中心

图1-67　QQ账号服务中心

3. 如果已经发生密码被盗或者忘记密码的不幸情况，可以使用【密码管理】选项卡中的【密码找回】命令，提供账号和相关证据，申请腾讯公司为你重置密码，如图 1-68 所示。

图1-68　密码找回功能

随着网络时代的来临，通信交流等平台软件也在不断兴起，同时也带给人们工作生活娱乐更多便捷。而在众多通讯交流软件中，能够将娱乐、教育、互动等元素充分融入在一起的，YY 当属集大成者。

YY 语音，又名“歪歪语音”，由广州多玩信息技术有限公司研发，是一款基于网络团队语音的通信平台，主要功能是能够进行在线多人的文字、语音及视频聊天，还附有网络 K 歌、视频直播等一些有趣的功能，把人们的生活更加紧密地同网络结合在一起。

这款通信工具虽然功能与 QQ 大致相似,但它所拥有的华丽而不失简洁的界面，繁复却又有趣的功能，以及无限的扩展空间，受到了广大网络使用者，尤其是大学生和年轻白领们的青睐。在接下来的章节中，笔者就带领大家去了解这个“酷酷的通讯综合体”。

第二章

YY 让网上交流更精彩

本章学习目标

◇ YY 的下载与安装

介绍 YY 的下载和安装方法。

◇ 申请 YY 账号

介绍如何获得自己的 YY 账号。

◇ 系统和账号的设置

按照特定的需要设置自己的 YY 账户。

◇ 添加好友

介绍 YY 添加好友的方法。

◇ 让我们开始聊天吧

介绍使用 YY 与好友进行聊天。

◇ 更有趣的音频和视频聊天

介绍使用 YY 的音频及视频功能和好友聊天交流。

◇ 使用 YY 的群聊功能

YY 群聊使多人互动沟通变为可能。

◇ 领略 YY 的精彩直播

学会使用 YY 的直播功能使你的生活丰富多彩。

YY 的下载与安装

使用 YY 通信工具，首先需要将其安装到自己的电脑上。方法如下：

1. 在浏览器地址栏中输入 YY 公司地址：http://www.yy.com/，从其官方网站上下载 YY 的安装程序，以避免木马病毒的骚扰。

2. 单击页面右上角的【全站导航】按钮，在下载栏目中点击 YY　PC 客户端进行下载，如图 2-1 所示。

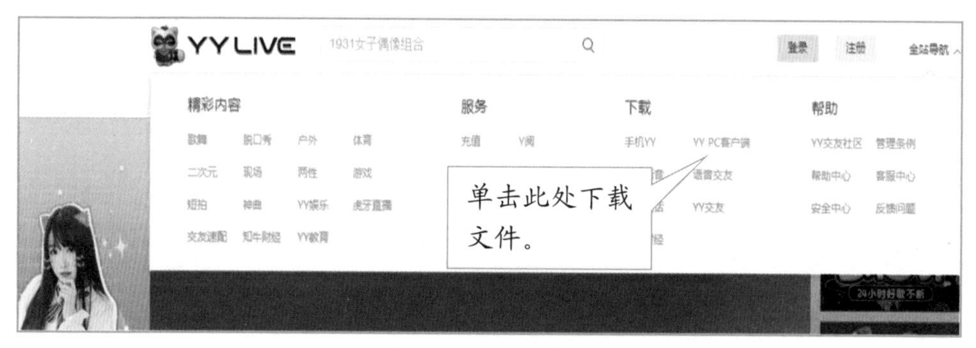

图 2-1　YY 下载界面

图 2-2　下载 YY8 安装包

3. 弹出下载确认对话框。在此单击【保存】按钮，选择一个要保存的位置，等待下载完成，如图 2-2 所示。

4. 找到安装文件存放的位置，双击该图标运行。

5. 在弹出 的“YY8 安装程序”窗口中单击【安装】按钮，进入下一步。当然，这里也可以选择自定义安装，区别在于可以自己指定安装地址。

6. Windows 在检测系统设置后开始安装 YY8，安装完成后，点击【立即体验】即可进入登录界面。请注意界面下方提示信息，切勿勾选不必要的设置。安装过程如图 2-3 所示。

提示　在安装之前，如果你在计算机上运行了低版本的 YY，请先关闭它，否则，可能会出现安装失败提示。

图 2-3　安装 YY8

申请 YY 账号

仅仅安装完 YY 还是不能与你的朋友进行即时通信，因为你需要一个代表自己身份的 YY 号。这个 YY 号就像电话号码一样，通过它，你的朋友可以在 YY 中找到你。当然，你也可以使用 YY 的搜索功能查找朋友的 YY 号，把他们加为你的好友。下面，我们就来看看如何得到一个属于自己的 YY 号。

图 2-4　YY8 登录界面

1. 进入 YY 登录界面，点击登录下方的【注册账号】，如图 2-4 所示。

2. 有三种注册方式，在此我们选择手机号注册，输入手机号，设置密码，因为YY经常发生盗号事件，所以请你一定要选择一个保密性强的密码。之后，在“重复密码”文本框里再次输入该密码以确认你的密码。

3. 点击同意并注册账号，将手机验证码输入，点击【一键登录】，即可完成注册。注册过程如图2-5所示。

提示　如果密码丢失，可以通过注册邮箱或注册手机号找回密码。

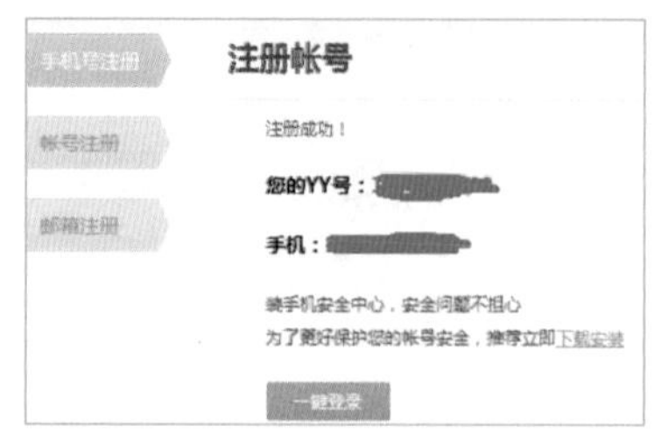

图 2-5　YY8 注册界面

系统和账号的设置

安装完 YY 的软件，并且申请到自己的 YY 账号后，我们就可以开始即时通信之旅了。不过，在使用前先进行一下系统的基本设置，这样可以使之后的使用事半功倍。下面，我们就来看一下如何配置 YY。

在登录自己的 YY 号码前可以进行如下的登录设置：

1．打开 YY 程序，在登录界面勾选“记住密码”与“自动登录”。（如果在网吧或办公场所切勿勾选。）

图 2-6　YY8 登录设置界面

2．如果你的计算机处于公司的局域网中，可能会因为公司的防火墙而不能访问 YY 服务器，这时我们需要设置代理服务器以穿过防火墙。

单击“YY 用户登录”窗口中的【设置】按钮，弹出设置窗口，如图 2-6 所示。在“类型”列表中选择“HTTP 代理”或者“SOCKS5 代理”，然后和设置网页代理一样，输入你找到的代理服务器地址、端口、用户名和密码，再登录 YY 服务器时程序就会自动通过代理转接了。

3．在主界面右下角找到设置按钮，单击该按钮，即可打开如图 2-7 所示的系统“设置”窗口，在其中我们可以设置 YY 的各种功能，如可以设置启动和登录、会话窗口、基本设置、文件接收、安全推荐以及文件清理等。

提示　如果不希望被陌生人或广告推销骚扰，可以勾选“不接受临时会话”。

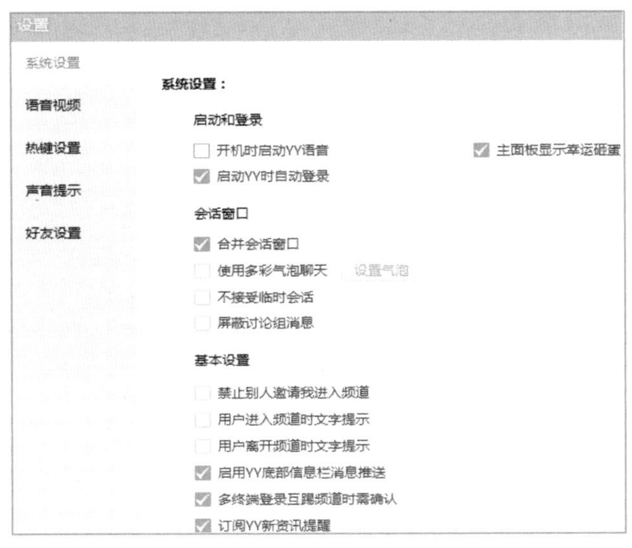

图 2-7　YY8 设置界面

4．如图 2-8 所示，在“语音视频”设置中可以分别对音频和视频进行设置，如果麦克风声音太小或者噪音太大、回声太强，可以勾选“麦克风增强”“麦克风降噪”以及“启用回声消除”模式。此外，在视频与音频设置中可以设置你的摄像头与麦克风，使用外接摄像头与麦克风的设置方法参照第一章第七节“使用音频和视频聊天”。

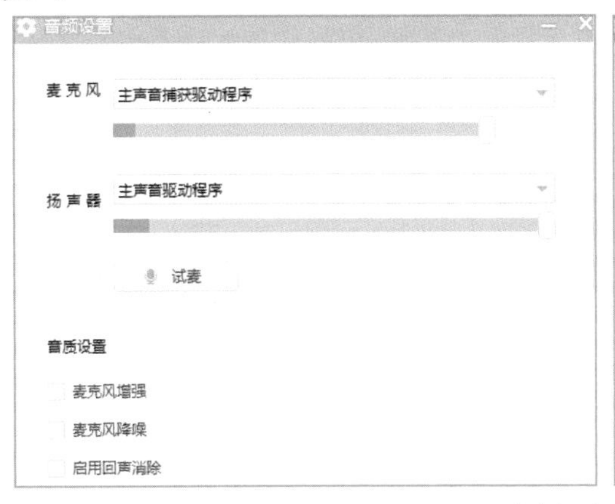

图 2-8　YY8 音频及视频设置界面

5．“热键设置”如图 2-9 所示，在这个界面中，可以按照自己的使用习惯设置热键，比如提取消息热键为“Ctrlt+Z”、截图热键为“Alt+Z”。如果有不同需求，点击需要修改的热键，然后输入新的热键即可。

6．在“声音设置”界面中可以选择是否开启或关闭某一类型的声音，双击即可

切换状态；如图 2-10 所示。

设置

系统设置
语音视频
热键设置
声音提示
好友设置

热键设置：

您可以通过点击选择要更改的热键：

功能说明	热键设置
提取聊天信息	Ctrl + Z
弹出主窗口	无
弹出频道窗口	无
截取屏幕	Alt + Z
减少麦克风音量	无
增大麦克风音量	无
切换语音模式	无
关闭/打开频道声音	无
关闭/打开频道麦克风	无

图 2-9　YY8 热键设置界面

声音设置：

关闭所有声音提示

你可设置开启不同类型的声音提示，双击可以切换"状态"。

声音类型	状态
系统声音提示	开启
好友消息声音提示	开启
频道私聊声音提示	关闭
用户进入频道时声音提示	关闭
用户退出频道时声音提示	关闭
群消息声音提示	开启
语音视频呼叫	开启

图 2-10　YY8 声音设置界面

7．切换到“好友设置”界面，在此，可以进行“好友验证”“好友消息提醒”“自动回复”“好友状态分享”以及“文件传输”等使用方式的设置。如：如果不希望被陌生人添加成好友，可以勾选“拒绝任何人添加”；如果不希望你的好友或粉丝了解你所在的频道或者你所玩的游戏，可以做取消勾选，如图 2-11 所示。

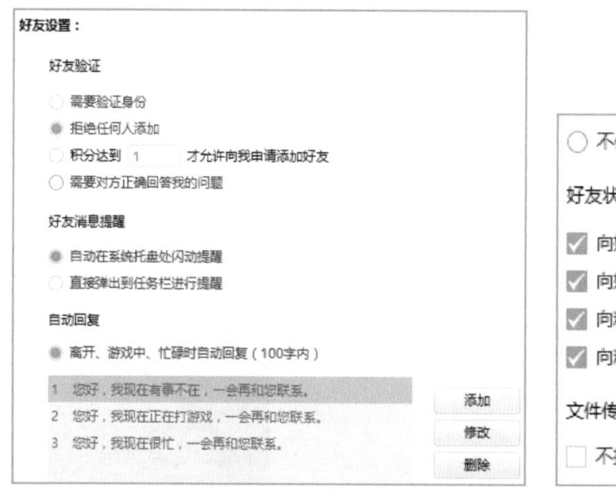

图 2-11　YY8 添加好友设置界面

上面我们介绍了如何进行系统设置以使得使用 YY 时更为简便快捷。下面，我们再来介绍如何对自己的账号进行个性化设置，从而使得自己的账号变得与众不同，充满个性。

1．在 YY 的主界面中右键单击姓名，可以修改自己的昵称。

2．点击【登录状态】按钮可以设置“我在线上”“游戏中”“离开”“忙碌”“隐身”5 种状态。在主界面右上端是“玩手游”“反馈问题”“更改皮肤”以及“变

更面板”等命令。见图 2-12 所示。

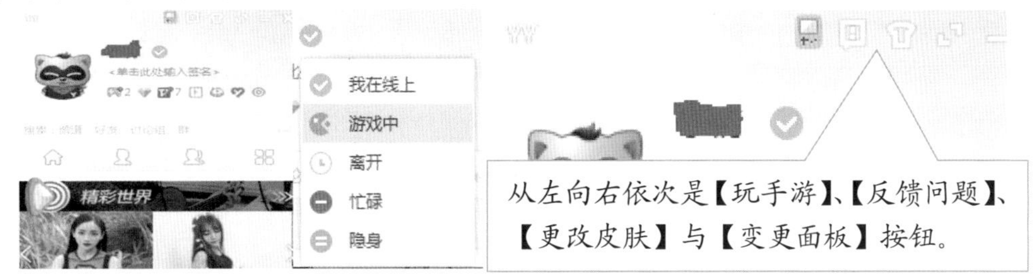

图 2-12　YY8 主界面设置

3. 左键点击小浣熊的头像可以进入个性化设置界面。在这个界面上点击小熊头像进入头像更改界面，在此我们可以选择系统头像、动态头像或者从电脑中上传自己喜爱的头像，然后点击【保存并提交】按键，如图 2-13 所示。

图 2-13　YY8 头像设置

4. 在“资料”栏中点击界面右侧编辑资料按键 编辑资料 可对个人资料进行编辑，包括修改昵称、艺名、个性签名、性别、年龄、生日、所在地、个人说明等等。在“公会”栏中可以查找自己所加入的所有公会。在“YY 人生”中可以领取钻石并赠送给好友。在“会员”栏有做任务、玩游戏等功能。见图 2-14 所示。

在个性化设置界面右上侧有一个类似名片的图标，点击“我的 YY”图标将进入直播界面，直播的相关功能将在随后的“YY 精彩直播”章节中具体介绍。

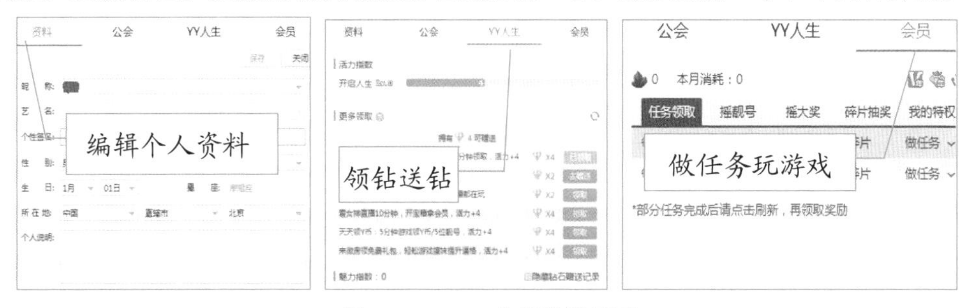

图 2-14　YY8 分栏设置界面

添加好友

使用任何一种即时通信工具都需要先添加好友，以便互相交流，YY 也不例外。下面，我们就从添加好友开始讲讲 YY 的基本使用方法。

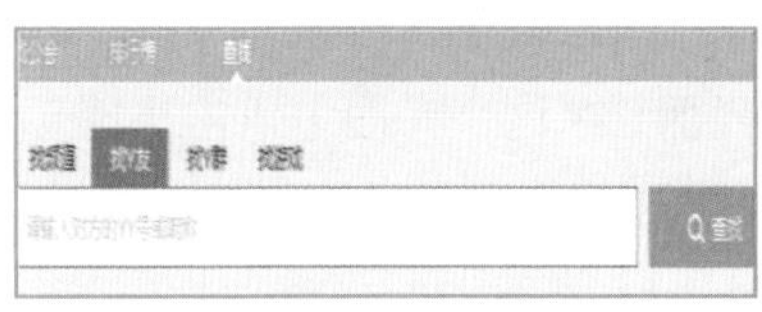

图 2-15　找 Y 友界面

1．打开 YY 的登录界面，填写电子邮件地址和密码，登录完成后，打开 YY 的程序主界面。单击右下角的查找图标，打开“添加联系人”窗口。在“找 Y 友”的对话框中输入需要添加的 YY 号或者昵称，如图 2-15 所示。

提示　建议使用 YY 号进行查找，因为昵称很有可能出现重名现象。

2．找到联系人后点击【添加好友】按键。如果需要输入验证信息，那么请输入可以让对方识别你的信息，比如自己的姓名等。在分组当中设置该好友的分组，设置完成后点击【确定】即可，如图 2-16 所示。

图 2-16　YY8 添加好友设置

3．之后，只需要耐心等待朋友通过你的申请就行了。在申请被通过后，可以看到一条告知对方同意你加他为好友的系统消息，对方的账号也会出现在你的“YY 好友”列表之中。

4．有的时候我们想和陌生人聊聊，这时便可以选择“找 Y 友”里面的“同城交友”同城交友，YY 会随机列出一些在线的人，你可以从中选择一些加为好友，进行聊天。

让我们开始聊天吧

当联系人列表充实起来后，你大概迫不及待地想开始与网络上的朋友进行交流了吧？下面我们介绍如何使用 YY 进行通讯和交流。

1．双击一个好友头像打开如图 2-17 所示的聊天窗口就可以聊天了。窗口的上半部分显示双方发送的信息，下半部分是你输入信息的地方，在此输入你所写的内容，点击【发送】按钮即可将其发送出去，这便开始了你们的聊天。

2．在聊天窗口中可以设置不同的字体和颜色。单击【设置字体】按钮，弹出类似 Office 应用的字体设置窗口，在其中可以设置不同的字体、字形、字号及颜色。

3．文字聊天的双方是看不到对方的表情的。为丰富情感的表达，YY 为我们提供了大量的情感图符来丰富自己的表达，增加聊天的趣味。点击【选择表情】按钮可进入表情包界面，点击所要的表情即可，如图 2-18 所示。

不过，许多更加可爱的表情包需要付费购买才能使用。

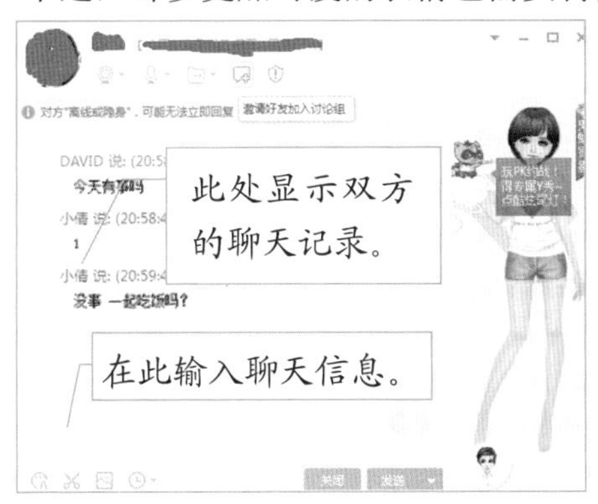

图 2-17　YY8 聊天界面

图 2-18　YY8 表情包展示

4．点击界面下方的【显示消息记录】按钮可进入“消息管理器”界面，从中可以查看过去与联系人的消息；如果占用内存太多也可以删除聊天记录，如图 2-19 所示。

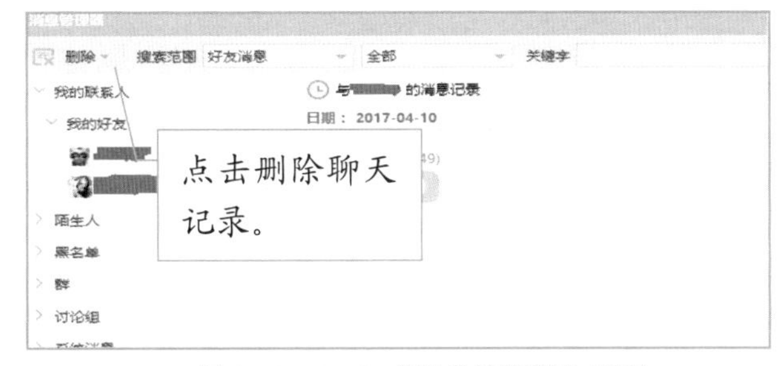

图 2-19　YY8 “消息管理器”界面

更有趣的音频和视频聊天

与朋友畅谈时，总需要多次敲击键盘让很多人很不爽。而且，对于那些年纪比较大的用户，他们甚至不会使用键盘输入中文。为了解决这个问题，YY 提供了音频和视频通讯功能。当然，更重要的是，声音和视频的交流是更为直观和震撼的，它是文字所无法比拟的，一款强大的通讯交流工具不能不包括这样的功能。下面我们就来介绍 YY 的音频及视频通讯功能。

1．音频和视频通讯只能和在线好友进行。要进行这样的操作，需首先进入主界面，选择要通话的联系人。

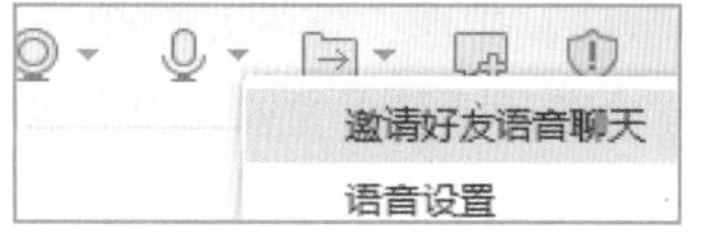

图 2-20　邀请好友聊天

2．然后启动 YY 的音频通讯功能，即单击聊天窗口上方的通话按钮，并点击“邀请好友语音聊天”，如图 2-20 所示。

3．你的通话邀请将被发送到对方的计算机上。对方会看到提示窗口，同时会听到提示铃声。在你的好友接受邀请后，你便可以和他进行语音交流了，如图 2-21 所示。

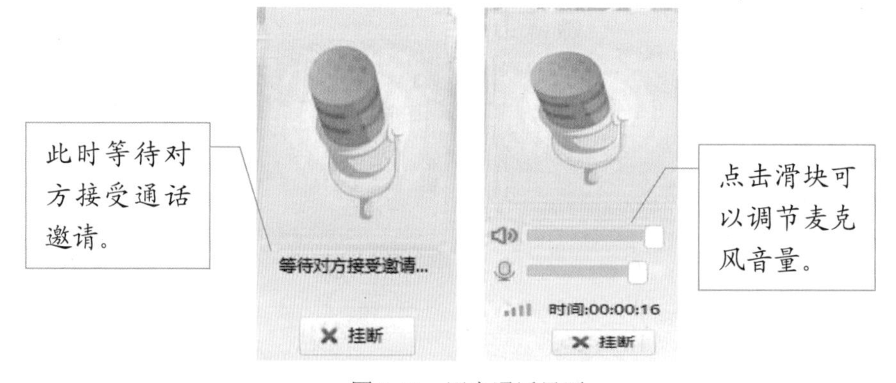

图 2-21　语音通话界面

提示　如果你邀请的对象长时间没有回应你的邀请，邀请会被自动取消。

4．单击工具栏上方的视频聊天工具，并点击“邀请好友视频聊天”，开始与对方建立视频聊天链接。同语音聊天一样，你仍然需要等待对方的响应。在对方接

受邀请后，即可进行视频聊天。（不过，视频聊天的前提是电脑必须配备摄像头与麦克风。）点击视频界面下方的【窗口设置】按钮，可以调节相互的视频窗口比例。若想结束聊天，点击右下角的【挂断】按钮即可。如图 2-22 所示。

图 2-22　视频聊天窗口

提示　视频通讯会占用大量的带宽，可能会使你的其他网络任务难以完成。在接受前，请暂停你的其他网络任务。

使用 YY 的群聊功能

YY 不仅提供了一个一对一交流的网络平台，更是一个提供了具有强大功能的多对多网络交流平台。通过 YY 提供的交流平台（即 YY 群），我们可以实现朋友之间的讨论，上级对下级的通知，以及简短的商务会议功能。

下面我们就来看看这个功能强大的 YY 群是如何工作的。

参加群聊天，首先是要加入这个群，我们可以通过与添加好友相似的方法来加入一个 YY 群。

1．在 YY 主窗口右下角的【查找】按钮，打开“找 Y 群”窗口。

2．在如图 2-23 所示的“群用户查找”窗口中，在“输入群号码”文本框中输入你的朋友提供的群号码，然后单击【查找】按钮。当确认这就是你想要加入的群之后，选中该群，单击【加入该群】按钮。

3．有的群需要群创建人或者管理员通过验证你才能加入，这时会弹出对话框要求你输入验证信息。输入可以表明你身份的信息后按【确定】按钮，然后等待群主（群的创建者）或者管理员通过你的验证。

4．有时可能你并不是想特别加入某个群，只是想看看有没有符合你兴趣或爱好的群组，这时在查找群组时可以使用关键字进行查询，如图 2-24 所示的，就是查询“魔兽世界”相关的群组，你可以在找到的群组中选择一个加入。

图 2-23　找 Y 群界面

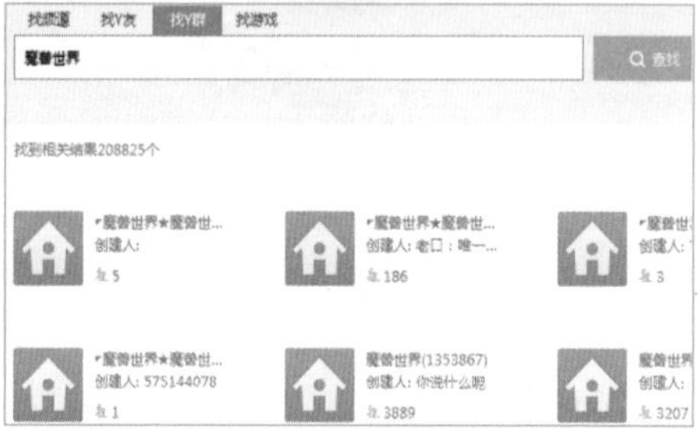

图 2-24　找同好群组界面

在加入一个 YY 群后，我们就可以在其中发送消息和浏览其他人的发言。

1．将 YY 窗口切换到“YY 群”列表，双击其中的群图标，打开如图 2-25 所示的群窗口，就可以在此进行群聊了。

2．如果觉得某个群并不十分有趣但又不想退出该群的话，可以选择拒绝该群的消息。单击“群名称”，在下拉菜单中选择【群设置】，在其中可以按你的想法设置“不提示消息只显示数目”或者“接受但不提示消息”。如果你是群主还可以设置是否允许陌生人加入本群的权限，如图 2-26 所示。

图 2-25　群聊界面

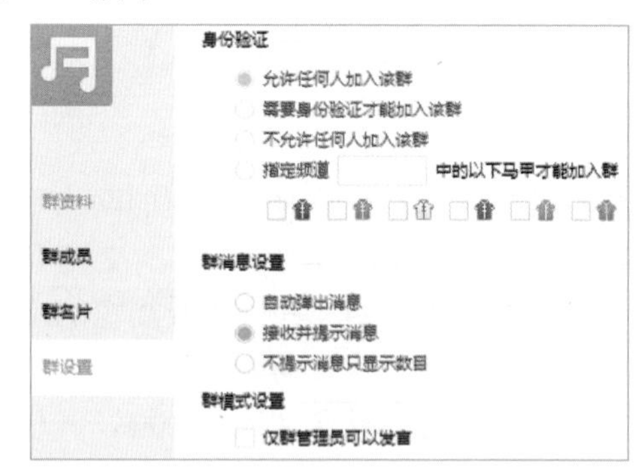

图 2-26　群设置界面

提示　在多人聊天中，设置成不同的颜色可以方便大家分辨不同人的发言。

领略 YY 的精彩直播

YY 除了像 QQ 一样可以聊天互通信息之外，其不同于其他聊天软件的优势在于可以观看视频直播，并且还可以通过提问题、送礼物、玩游戏等方式与主播互动。

我们有两种方法可以进入一个直播频道。第一种方法是通过与添加好友相似的方法加入一个 YY 频道。

1．首先在 YY 主窗口右下角的【查找】按钮，打开“找频道”窗口。

2．在文本框中输入你的朋友提供给你的频道号码，然后单击【查找】按钮。当确认这就是你想要加入的频道之后，可点击进入该频道。如果没有明确想要加入的频道，可以按照关键字进行大类模糊搜索，比如搜索“教育”显示出如图 2-27 所示的频道，找到感兴趣的频道后点击【进入】即可。

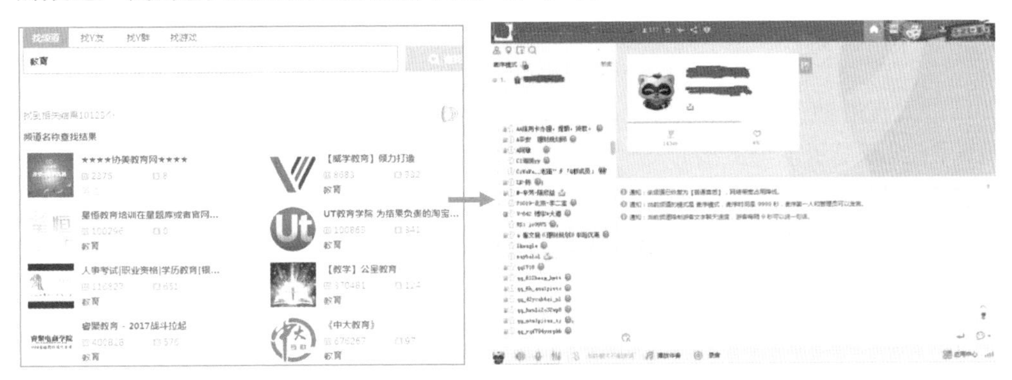

图 2-27　找到感兴趣的频道

第二种方法是通过点击主界面的“精彩世界”进入直播界面，在这个界面中我们可以按照自己喜欢的栏目进行选择，子栏目包括“新手导航”“热门直播”“娱乐表演”“游戏直播”“交友速配”“美女约战”“投资理财”等频道。如图 2-28 所示。

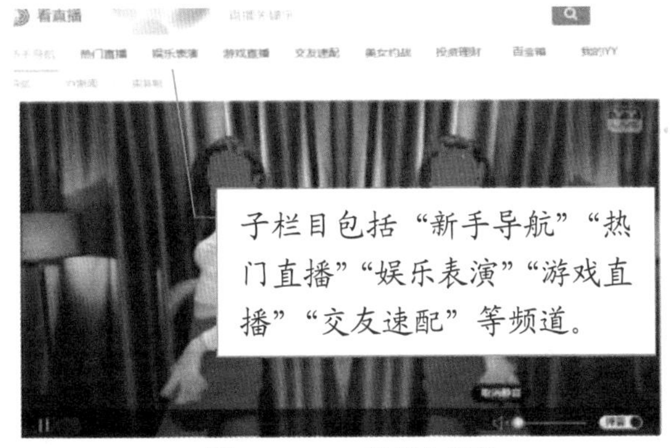

图 2-28　YY 直播主界面

比如最近股票行情不错，我想关注一下投资类直播，听一听投资专家的选股建议，那么可以点击“投资理财”并进入其中一个频道，如图 2-29 所示。

图 2-29 股票投资直播界面

进入直播频道后，除了观看，还可以与主播进行交流。那么，如何与主播互动呢？图 2-30 显示了与主播的几种交流方式，在频道界面中我们可以抢麦发言，也可以输入文字和送花、送礼物等。

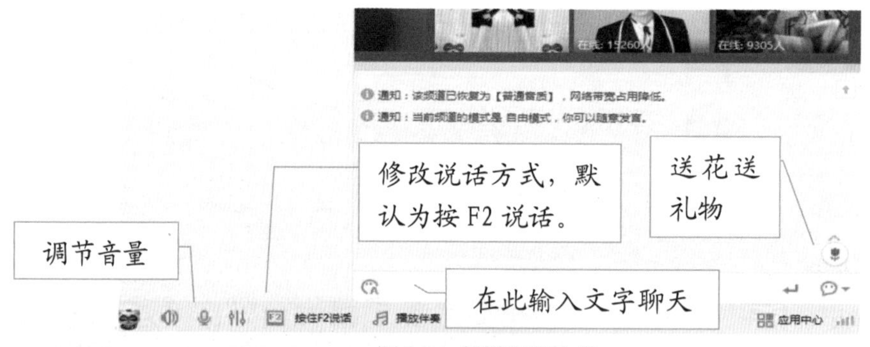

图 2-30 频道聊天介绍

提示 发言方式根据频道管理员设置可分为三种，分别是主席模式，即只允许频道管理者发言；自由模式，即允许频道所有人员发言；麦序模式，即频道人员必须抢麦进行发言。

进入频道后你会发现你的衣服图标颜色为白色，而有的人为绿色，有的人为蓝

色，这是为什么呢？其实衣服颜色代表的是权限与身份，各个衣服颜色代表的基本权限如图 2-31 所示。各颜色更具体的含义为：

男女	颜色	含义
	黑色	歪歪官方人员
	紫色	频道所有者(OW)
	黄色	全频道管理员(MA)
	红色	子频道管理员(CA)
	蓝色	会员(R)
	绿色	嘉宾(VIP)
	亮绿	临时嘉宾(G)
	白色	游客(U)
	灰色	临时用户

图 2-31　马甲颜色的含义

“黑色马甲”：黑马为 YY 官方管理员。

“紫色马甲”：（OW）频道所有者，俗称“紫马”。拥有此频道的最高权限，可以添加和删除频道总管理员、全频道管理员、子频道管理员、会员、嘉宾、临时嘉宾，可以添加或删除子频道，可以修改全频道的公告。

“黄色马甲”：（MA）全频道管理员，俗称“黄马”。权限在 OW 之下，可以添加和删除子频道管理员、会员、嘉宾、临时嘉宾。

“红色马甲”：（CA）子频道管理员，俗称“红马”。可以对拥有权限的子频道做出修改或删除，可以修改拥有权限的子频道的公告，可以在拥有权限的子频道查看管理人员。

“蓝色马甲”：（R）会员，俗称“蓝马”。可以随意进频道中任意房间(有密码的除外)，有会员贡献，可设置常驻。

“绿色马甲”：（VIP）嘉宾，拥有普通会员权限，可以随意进频道中任意房间(有密码的除外)有会员贡献，不可设置常驻。

“亮绿马甲”：（G）临时嘉宾，拥有普通会员权限，无会员贡献，退出频道将成为游客身份。

“白色马甲”：（U）游客，俗称“白马”。无任何权限，不能进入限制级频道，当频道没有设置限制级时可以进入无密码的房间。

“灰色马甲”：临时用户，有用户昵称，签名，但是没有积分和权限，只能使用最基本的语音服务，拥有和白马甲类似的权限。

若读者觉得光看直播还不过瘾，想自己建立一个频道，享受一下频道所有者“紫马”的待遇，可以按照下面介绍的步骤来实现。

1. 假如我们想申请一个教育频道，那么首先我们要创建一个直播频道。点击 YY 主界面左下角的系统【系统菜单】按键，在菜单列表中找到【创建频道】选项并点击进入，如图 2-32 所示。

图 2-32　创建频道

2．在频道创建界面中，输入频道名称，选择频道类别，并选择频道模板，如图 2-33 所示。

图 2-33　频道申请

3．申请成功后便可以进入自己设立的频道，在频道的右下侧可以设置不同的模板类型，包括游戏、财经、交友、教育等，在此，我们选择“教育模板”。之后弹出教育直播的界面，在界面中我们点击【发布课程】即可，如图 2-34 所示。

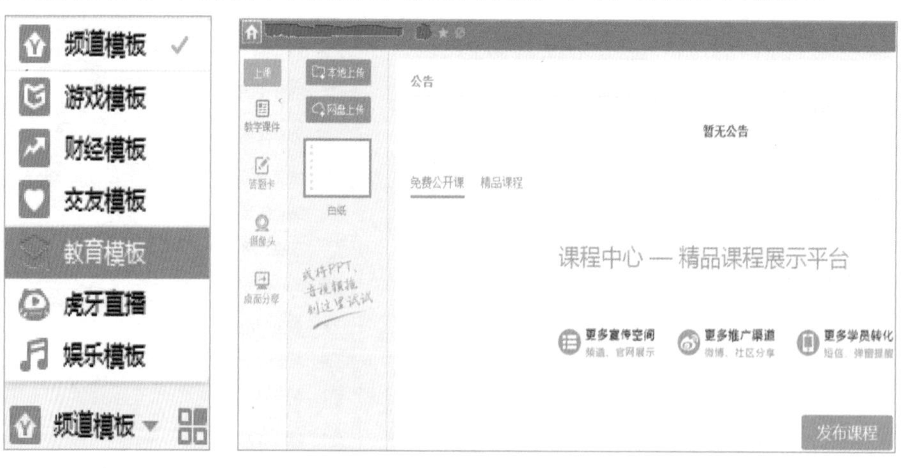

图 2-34　开启教育模板

提示 对于连续 92 天内频道积分无任何增长的原始长位频道，YY 系统会不定时回收。

YY 的通讯交流功能很强大，一些应用也很精彩，限于篇幅我们这里只做了简单的介绍，有兴趣的读者可以自行做进一步的了解。

腾讯QQ的成功，使得各大网络企业都对个人即时通信市场有了新的认识，他们都希望能够在这个大大的市场蛋糕中分得一块。

于是，各种各样新的即时通信软件如雨后春笋般出现在人们的视野中——新浪UT、钉钉都是这类软件的代表。

这些即时通信软件不但有着和QQ相似的通讯功能，而且还对不同的用户需求提供相应的增强。

本章我们就来看看这些不同的软件都有着什么新奇的特点。

第三章

其他即时通信软件介绍

本章学习目标

◇ 新浪 UT

新浪推出的语音交流软件。

◇ 钉钉

让工作和学习更简单、更方便。

新浪 UT

图 3-1 新浪 UT 界面

新浪 UT，正式名称是 UC Talk（界面见图 3-1），是由新浪公司开发，融合了 P2P 思想的下一代开放式即时通信的网络聊天工具，是一款主要针对团队游戏用户和局域网游戏用户开发的即时语音通话工具。同腾讯 QQ 一样，UC Talk 具有小巧、灵活、专业、全中文界面、上手简单等优点。UC Talk 即使在拨号上网情况下，也能以极小的带宽占用、穿越防火墙、提供清晰高质的语音服务而称道。

UC Talk 客户端软件除了提供专业的语音功能外，也提供基本的好友管理、公会服务器及频道管理、文本聊天等常用功能，因此为广大网络游戏爱好者，尤其是需要进行团队联络的网络游戏核心玩家所推崇。

要使用新浪 UC Talk，首先需要下载安装程序（可以从新浪的页面上下载，见图 3-2）。

图 3-2 新浪 UT 下载界面

1. 打开任意互联网浏览器，在地址栏中输入 http://uc.sina.com.cn/download.html，按回车键打开如图 3-2 所示的新浪 UC Talk 的网站页面。

2. 在网页的右侧可以看到淡蓝色的“立即下载”图标。单击，打开“UC Talk 客户端下载”页面，如图 3-3 所示。设置好存储路径和文件名之后，单击【下载】按钮，开始下载客户端。

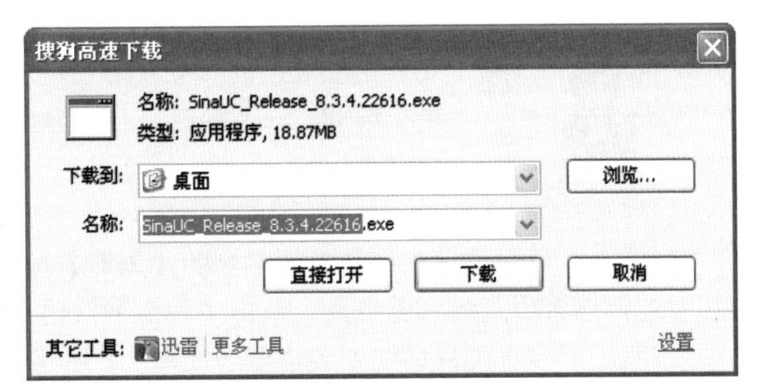

图 3-3　下载新浪 UT

3. 等待下载进度条长满，完成安装程序的下载。

下载完成之后，找到刚刚下载的程序。新浪 UC Talk 的安装十分简便，并没有什么复杂的地方，双击安装程序即可开始安装：

1. 在弹出的安装提示窗口中单击【下一步】按钮，再单击【我同意】按钮，进入安装目录选择窗口，如图 3-4、图 3-5 所示。

图 3-4　安装新浪 UT

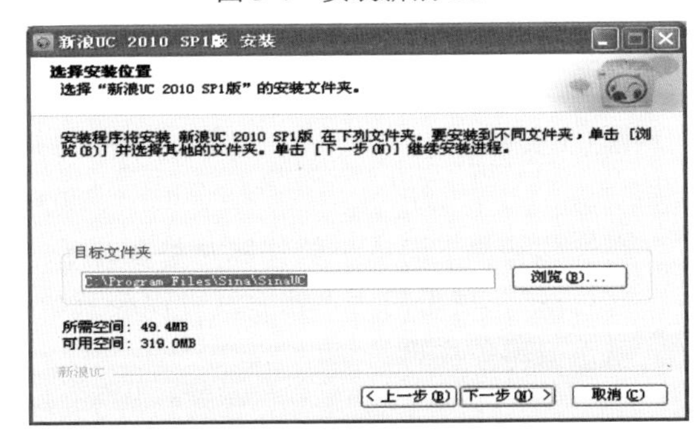

图 3-5　选择安装路径

提示　安装完成后，可以直接启动新浪 UC Talk，也可以先了解 UC Talk 的新特性，只需要勾选对应的复选框即可。

2．单击“目标文件夹”文本框右侧的【浏览】按钮，打开安装目录选择窗口，在其中选择你希望安装到的位置，单击【确定】按钮。然后，单击【安装】按钮。

3．我们可以看到目前的安装进度（如图 3-6 所示）。待安装进度条长满后，单击【完成】按钮。

如果在安装完成后勾选了“启动新浪 UC Talk”复选框，那么在单击【完成】按钮后，如图 3-7 所示的新浪 UC Talk 登录程序便会自动启动。使用该程序，我们便可以访问新浪 UC Talk 的语音服务器，享受电话会议般的通讯体验了。

但是，在使用这些功能之前，我们需要先注册一个新浪 UC Talk 的号码。同腾讯 QQ 一样，注册号码的方法也很简单。

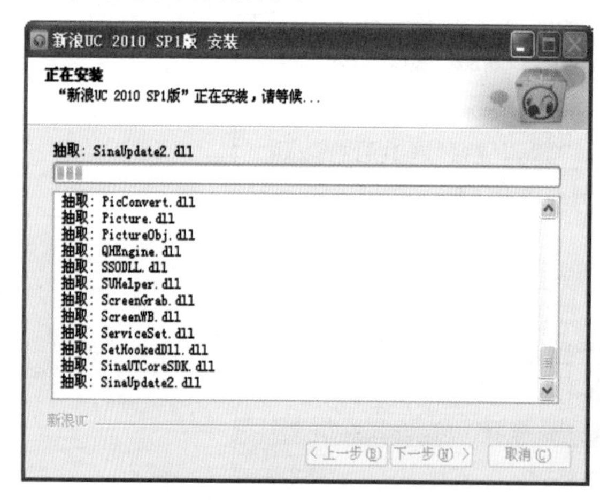

图 3-6　新浪 UT 安装进程

图 3-7　新浪 UT 启动界面

提示　新浪已将旗下的多个软件账户整合为了一个“新浪通行证”，使用同一个账户就可以登录新浪 UT、邮箱、微博等应用。

1．单击登录程序主界面上的“注册账号”连接，或者在浏览器地址栏中输入

http://im.sina.com.cn/reg.php，打开“新浪通行证”申请页面。

2．如果你已经登录新浪微博，网页会提示你退出当前的登录状态并继续申请账号。

3．在如图 3-8 所示的用户注册页面中，填写邮箱、密码、昵称、年龄、性别、国家地区等个人信息。在“验证码”文本框中填写从右侧验证图片中读出的验证码（验证码需要仔细分辨一下）。然后，单击【立即注册】按钮，完成注册。

图 3-8　使用邮箱方式申请新浪通行证

提示　如果看不清验证码的话请点击刷新。邮箱地址请填写你的真实邮箱，因为要用这个邮箱进行验证。

4．注册完成后会弹出如图 3-9 所示的注册成功页面，需要你登录刚才填写的邮箱进行认证和激活。

5．在邮箱里你会发现一封发自“新浪通行证”邮箱的邮件，内容如图 3-10 所示，点击其中的链接即可进行验证激活。

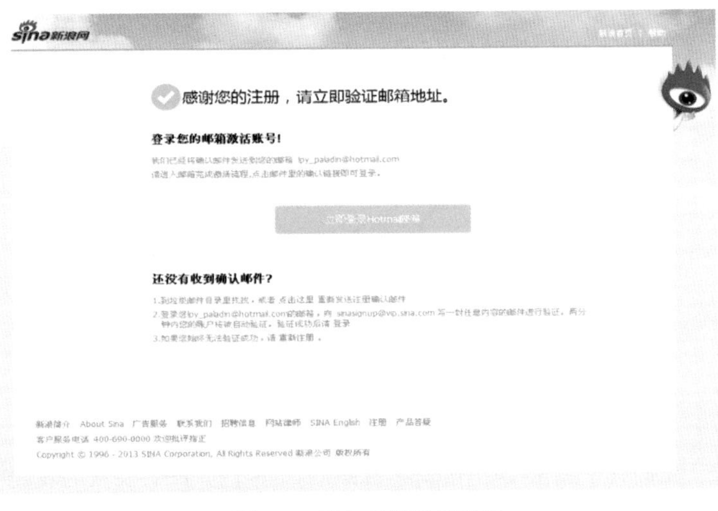

图 3-9　进入邮箱激活验证

点击链接激活新浪通行证。

图 3-10　激活验证邮件

6. 如果你希望用手机注册新浪通行证也是很容易的，在图 3-11 页面中选择“手机注册”，在界面中的文本框内填写你的邮箱、密码、昵称、年龄、性别、国家地区等个人信息。单击【免费获取短信激活码】，新浪会向你的手机上发送一个激活码，将激活码填入，而后点击【立即注册】按钮，你就可以直接完成注册了。

7. 如果希望了解新浪 UC Talk 的更多功能，可以单击【更多帮助】按钮，打开新浪 UC Talk 的主页面，在其中可以详细了解到 UC Talk 的各种特性和使用技巧。

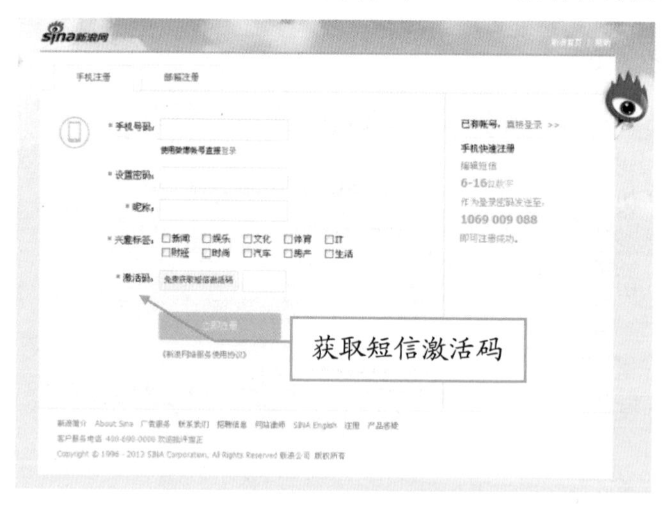

图 3-11　使用手机方式申请新浪通行证

在拥有了新浪 UC Talk 的号码后，下一步我们要做的就是登录 UC Talk 语音服务器，开始使用这个即时通信软件了。

1．在登录界面中的“账号”文本框中输入你刚刚申请到的UC Talk号码（如果你有新浪通行证的话，也可以使用该新浪账号登录），并在“密码”文本框中输入对应的密码。如果你是在自己家中的计算机上使用新浪UC Talk的话，可以勾选“记住密码”和“自动登录”复选框，来缩短以后每次登录时所需的时间，如图3-12所示。

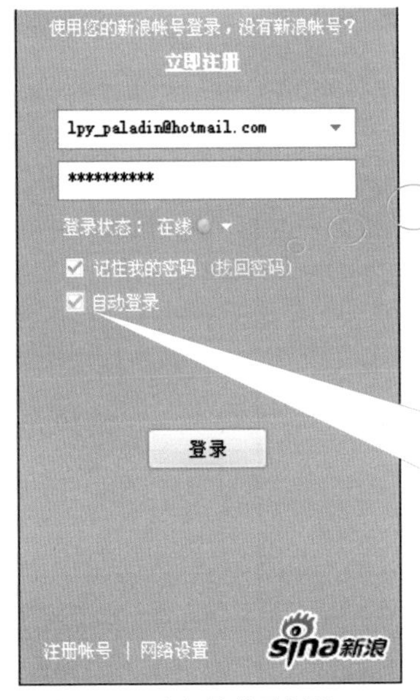

如果忘记了通行证密码，可以在这里找回。

为了你的信息安全考虑，请不要在公共计算机上勾选自动登录功能。

图3-12　用账号登录新浪UT

2．启动完成后弹出的窗口如图3-13所示，包括“UC Talk主窗口”“新浪游戏”以及“新浪UC 今日资讯”窗口。

图3-13　新浪UC 今日资讯

提示

“新浪游戏”和“新浪UC 今日资讯”窗口中并没有什么值得一看的东西，实质上是个广告窗口，关掉它即可。

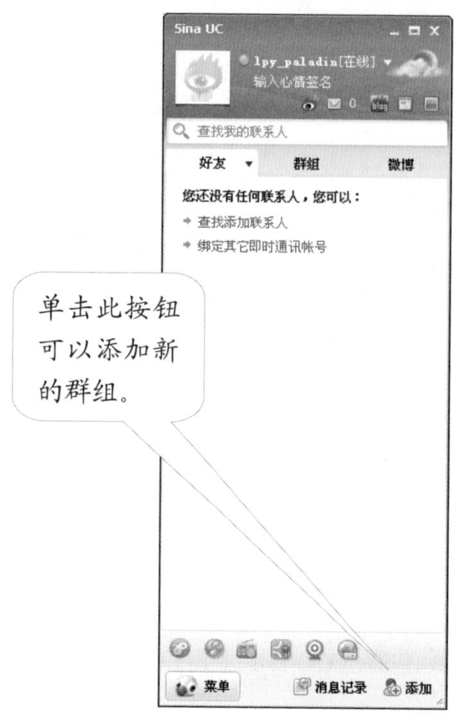

图 3-14　使用新浪 UT

3．关掉“新浪游戏”和“新浪 UC 今日资讯”窗口后，激活“UC Talk 主窗口”，如图 3-14 所示，在这个窗口中可以查找语音服务器和用户。如果你从朋友或熟人处获得了其群组的 ID 号，那么在主界面里单击【添加】按钮，可以将其添加到你的好友中。在这个窗口中可通过 ID 号来查找一个群组（图 3-15）。

4．选择你登录的群组。双击该群组名称，开始登录。登录成功后会听到相应的提示音。

5．在一个群组语音服务器中包含了很多的频道，我们通常需要加入其中的一个频道。在 UC Talk 主窗口中双击需要加入的频道名称，可以切换到相应的频道。

6．现在你应该可以听到朋友们的交谈了，Enjoy it！（享受这一切吧！）

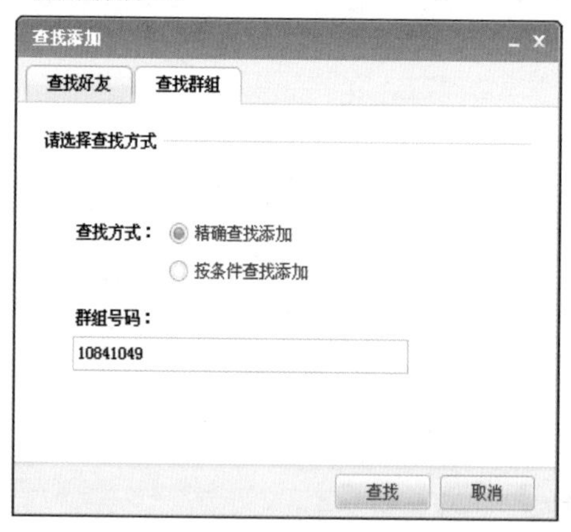

图 3-15　查找一个群组语音服务器

提示　在【查找好友】选项卡中，可以通过 ID、用户名或者昵称查找单独的用户。不过，我们一般用不到 UC Talk 的这个功能。

钉钉

钉钉是由阿里巴巴出品的一款智能移动办公平台。钉钉不仅支持即时文字聊天、语音通话、视频会议等基本即时通信功能，还提供邮件提醒、考勤 OA、智能报表、请假报销、网络文件共享、在线学习课堂等多种功能，并可与移动通讯终端等多种通讯方式相连。

钉钉同样需要下载安装后才能使用：

1. 在任意的互联网浏览器中输入钉钉的主页地址：https://www.dingtalk.com，敲击回车键打开图 3-16 所示的钉钉主页。

图 3-16　钉钉主页

2. 单击主页右下方的"立即下载 Windows"标签，弹出新建下载任务界面，选择下载地址并单击【下载】按钮进行软件下载，如图 3-17 所示。

图 3-17　钉钉下载界面

在钉钉客户端安装程序下载完成后，单击【打开】按钮，开始安装钉钉：

1．在打开的安装界面中单击【下一步】按钮，如图 3-18 所示。

2．我们会看到安装钉钉的进度。等进度条长满后会弹出完成安装的提示界面，单击【完成】按钮，即可完成钉钉的安装，如图 3-19 所示。

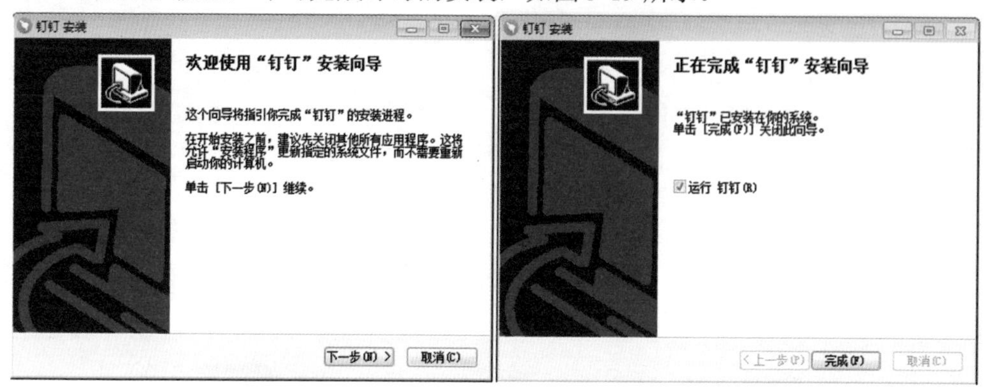

图 3-18　钉钉安装向导　　　　图 3-19　钉钉安装完成

单击【完成】按钮后会启动钉钉的登录程序，如图 3-20 所示。因为是首次使用钉钉，在这个界面下，我们需要做的便是先注册一个钉钉用户账号。

1．单击钉钉登录界面右下角的“新用户注册”标签，进入如图 3-21 所示的钉钉注册界面。在文本框中填入手机号，然后单击【发送验证码】按钮。填入发送到手机上的验证码并单击【注册】按钮。

2．接下来填写你的姓名、登录密码，进行新用户设置，如图 3-22 所示。单击【确定】按钮，完成注册。

图 3-20　钉钉登录界面

图 3-21　钉钉注册界面

图 3-22　填写姓名和登录密码

注册完成后，还需要通过添加好友的方式与相关对象建立通信关系。

1. 单击钉钉主界面上方的“加号”图标并选择其中的“添加好友”选项，在弹出的对话框中搜索所要添加目标的手机号或钉钉号，然后单击【确定】按钮，如图3-23 所示。当对方同意你的添加申请后，双方就建立了通信关系。

图 3-23 添加好友

2. 单击一个好友头像打开如图 3-24 所示的聊天窗口就可以聊天了。窗口的上半部分显示双方发送的信息，下半部分是你输入信息的地方，在此输入你所写的内容，单击【发送】按钮即可将其发送出去，这便开始了你们的聊天。

图 3-24 文字交流

3. 文字交流有时可能无法充分地表达人们的丰富情感，钉钉特别设计了“动图”

与“表情”等图形元素，以满足用户这方面的需求。单击位于聊天窗口中间的“动图”或“表情”图标即可打开动图或表情元素页面，如图 3-25、图 3-26 所示。

图 3-25　动图元素

图 3-26　表情元素

4. 在钉钉中还可以使用音频或视频进行聊天。在聊天之前需要在电脑上联入耳机与摄像头，然后单击聊天窗口中间的“语音通话/视频通话”图标，在此选择是要进行语音通话还是视频通话。你的通话邀请将被发送到对方的计算机上。对方将看到提示窗口，同时还会听到提示铃声。在对方接受邀请后，你们便可以进行语音或视频交流了，如图 3-27 所示。

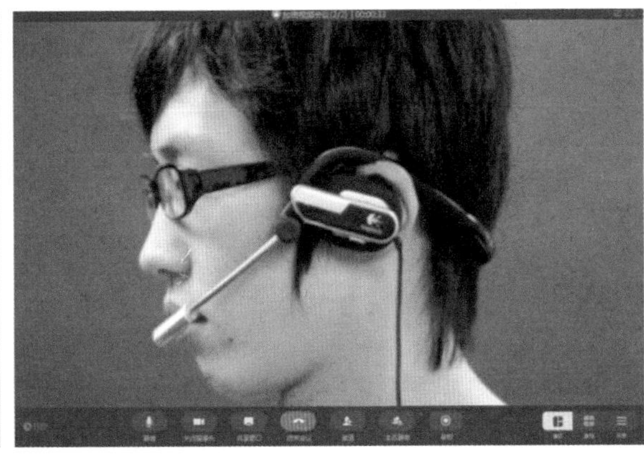

图 3-27 语音及视频通话

5. 除了文字、语音、视频交流之外，还可以通过钉钉发送邮件。单击钉钉界面左下角的“钉邮”图标，进入钉邮界面，如图 3-28 所示。其使用方法与一般邮箱的使用方式基本相同，这里不再赘述。

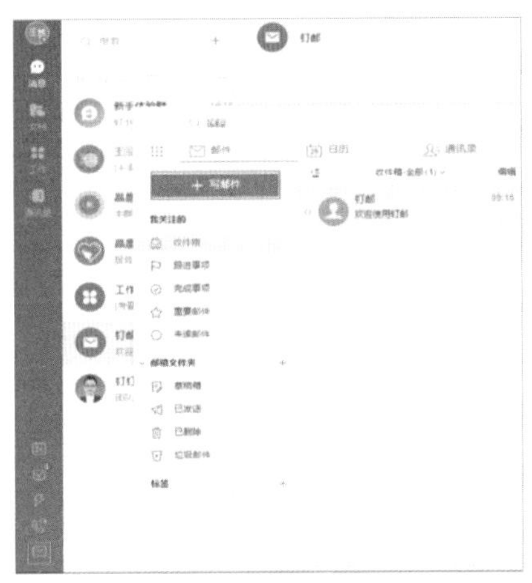

图 3-28 钉钉邮件

6. 使用钉钉传送文件也很方便。如果想要给对方传送文件，单击钉钉聊天界面工具栏中的“发文件”图标，并根据文件存放的位置选择“发送本地文件”“发送本地文件夹”“发送钉盘文件”其中之一即可进行文件的传送，如图 3-29 所示。

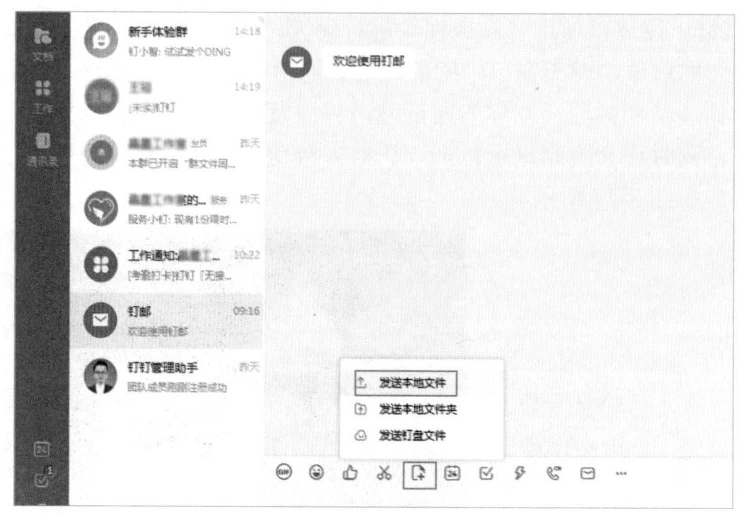

图 3-29 发送文件

7. 如果需要查询以前的聊天记录，可以单击界面右上方的“聊天记录”标签，进入聊天记录界面，从中可以查看过去与联系人的消息。除了聊天信息之外，还可以查询以前的文件、视频、图片、链接等信息，如图 3-30 所示。

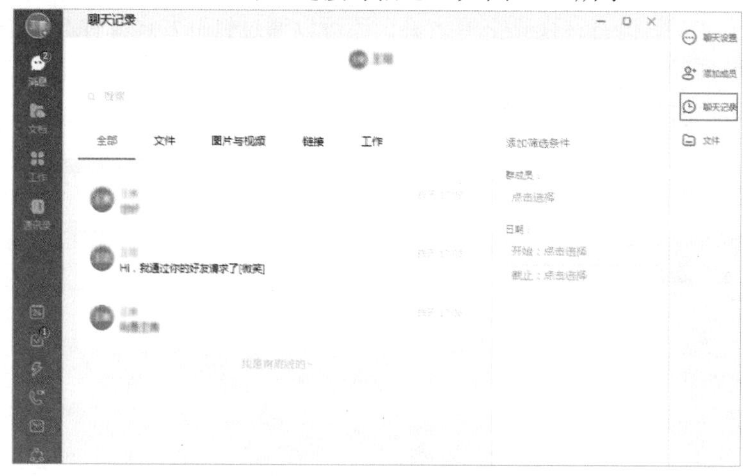

图 3-30 聊天记录查询

钉钉作为一款即时通信软件，除了具备一般同类软件所具有的功能外，还有一些能够为工作带来方便的功能。例如，它的“钉一下”功能可以为人们在办公中及时地向相关人员发出叮嘱或通知之类的消息。使用时，先在钉钉界面中选择需要沟通的对象，然后单击聊天界面工具栏中的“钉一下”图标。在“新建 DING”界面中，找到“写内容”的位置，写下需要叮嘱或通知的内容，并根据紧急程度选择“场景”。确认无误后单击【发送】按钮即可，如图 3-31 所示。

图 3-31 “钉一下”功能

另外，钉钉还提供了视频会议的功能。使用时，需要先单击钉钉界面左侧的“工作”标签以进入“OA 工作台”。在这个界面中找到“视频会议”功能并单击进入。在视频会议界面中单击“邀请参会人”，从中选择需要参会的人员。当对方收到参会邀请并同意后，单击【马上开会】按钮即可开始视频会议，如图 3-32 所示。

图 3-32 钉钉视频会议

近年来，宽带互联网得到飞速发展。但是，仅仅用于上网会浪费大量的带宽。你是否考虑过用它来和远方的亲友畅谈？网络电话的出现，实现了通过电信宽带网络进行高质量语音通讯的可能，同时大大降低了交流成本。

网络电话——VOIP(Voice Over Internet Protocol)技术是现代通讯系统的发展方向。传统的通讯方式基于电路交换方式，需要网络运营商投入很大的基础网络成本。而 VOIP 技术的出现，通过基于包交换的技术使多对用户连接在同一网络上共享带宽资源成为可能，从而大大降低了基础网络资源的闲置与浪费，大幅减少了通信成本，也大大方便了人们之间的沟通。

第四章
使用网络电话

本章学习目标

◇ 网络电话的发展历史

了解从电缆电话到网络电话的变革。

◇ 实现网络语音交换的主要技术

学习网络电话所使用的先进技术。

◇ 网络电话的优点

看看网络电话到底比普通电话好在哪儿。

◇ 用 RedVIP 拨打免费网络电话

介绍使用 RedVIP 软件免费拨打网络电话的方法。

◇ 全方位通讯——使用 Skype

介绍 Skype 的使用方法。

◇ Skype 的通讯费用对比

看看用 Skype 到底能省多少钱。

网络电话的发展历史

提到网络电话的历史，不能不先说说传统电话的发明和发展。1667年，诞生了最早的可传递声音的“线绳”电话。这种电话就像我们小时候用纸杯做成的玩具（图4-1），可以传送声音，但是声音传递的距离十分有限。之后，电报的发明，虽然没有能直接传递声音，不过证明了信号通过电线传递的可能性，为电话的发明奠定了基础。

图4-1　线绳电话

直到1875年，著名的亚历山大• 贝尔（图4-2）在工作中看到电报机中应用了能够把电信号和机械运动互相转换的电磁铁，深受启发，开始设计电磁式电话。他最初把音叉放在带铁芯的线圈前，音叉振动引起铁芯相应运动，产生感应电流，电流信号传到导线另一头经过转换，变成声信号。

图4-2　亚历山大 • 贝尔

随后，贝尔又把音叉换成能够随着声音振动的金属片，把铁芯改作磁棒，经过反复实验，制成了实用的电话装置。1876年，贝尔的电话获得了美国专利。他不仅发明了电话，而且建起了世界上第一家电话公司。

提示　贝尔不仅仅发明了电话，还发明了助听器，改善了聋哑人的生活，甚至做出了第一台金属探测器。现在美国的贝尔实验室仍然在进行通讯方面的研究。

之后的百年，电话技术都没有重大的飞跃。直到1995年IP电话（图4-3）的出现，才改变了历史。最初，这种电话只用于计算机之间的话音传输。通话双方须联入互联网，还须配备相应软件和多媒体设备才能通话。真正意义的IP电话出现于1996年3月，它通过网关将互联网与电话网结合起来，使用户能实现普通电话机间的通话。

图4-3　各式各样的IP电话

事实上，自20世纪70年代开始，就已经在进行计算机网络上语音通信的研究工作了。当时主要是基于ARPANET（阿帕计算机网）的网络平台上进行研究和试验。1974年8月，首次分组语音通信试验在美国西海岸南加州大学（图4-4）的信息科学研究所（ISI）和东海岸的林肯研究室（LL）之间进行。语音编码为9.6kbit/s的连续的可变斜率增量调制，并采用静音检测技术降低比特率。1974年12月，线性预测编码（LPC）声码器首次用于分组语音通信实验。

提示　现在我们使用的有线电话，90%以上已经都是IP电话了。

在研究中，ISI提出了分组语音通信协议NVP（Network Voice Protocol）和ST（Stream）。NVP属于应用层，而ST属于网络层。为了减少时延，话音信号经NVP协议封装后，直接交给ST处理后传给网络，呼叫控制信令则由NVP直接交给IP处理后传给网络，二者都不经过传输层。IP和ST同属于网络层，但IP提供的是无连接的数据包服务，而ST提供的是面向连接的虚电路服务，其目的是保证语音分组传送的时序完整性，减轻NVP的处理负担。这是最早的分组语音通信网络协议，对以后的研究颇有参考价值。

图4-4　南加州大学校园

虽然在当时的实验中，由于网络速度慢、低比特语音编码技术不成熟等原因，语音质量不能令人满意。但非常重要的是，通过实验至少表明，在基于IP的计算机网络上进行语音通信是可行的。

20世纪80年代的研究主要集中于局域网上的语音通信。美国、英国、意大利等在总线型局域网、令牌环网、3Com以太网上进行了实验，深入研究了分组时延的原因、分组话音通信协议、链路利用率和话音分组同步等问题。国内也开始进行了一些理论研究工作。

20世纪90年代以后，IP分组语音话音通信技术获得了突破性的进展和实际应用。1996年，ITU-T通过了著名的H.323协议。这一协议的推出，成为了VoIP的公共规范，极大地推动了VoIP的发展。随后，1999年IETF完成了MGCP协议（RFC2705）和SIP协议（RFC2543）；2000年ITU-T和IETF共同推出了H.248/Megaco协议。

随着VoIP理论研究的深入，技术上也日益成熟。20世纪90年代中期开始，许多厂商开始VoIP有关产品的开发工作。1999年，我国正式批准了中国电信、中国联通、吉通和网通4家公司进行IP电话商用试验，并于2000年正式使用。这种VoIP应用的重点在于替代传统电话的长途网部分，而电话的接入仍然采用传统的基于电路交换的市话网，如图4-5所示。但近一两年来，随着宽带接入网的迅速发展，VoIP在接入层也得到了不少的应用，代替了传统的市话网。由于宽带接入网的情况千差万别，目前，VoIP技术在接入层的应用中尚存在各种的问题和困难，如系统的安全、网络穿透等。但更重要的是，VoIP技术在接入层应用的成功，为以后纯VoIP（在核心层和接入层均采用VoIP技术）的应用奠定了基础。

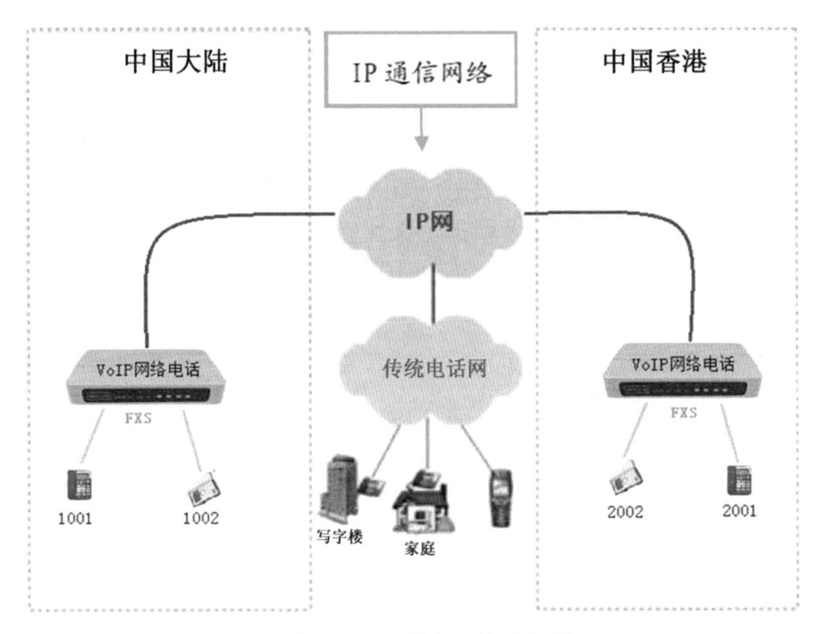

图4-5 VoIP技术网络示意图

实现网络语音交换的主要技术

传统的电话网是以电路交换方式传输语音，所要求的传输宽带为64kbit/s。而IP电话使用的是图4-6所示的借助网关和电信网络进行信号传递的技术。为了充分地利用网络带宽资源，VoIP通信中通常根据实际使用的要求采用各种压缩算法对原始的语音数据进行压缩处理，常用的有G.723.1、G.729等；然后，才用网络技术将压缩后的语音数据进行打处理。

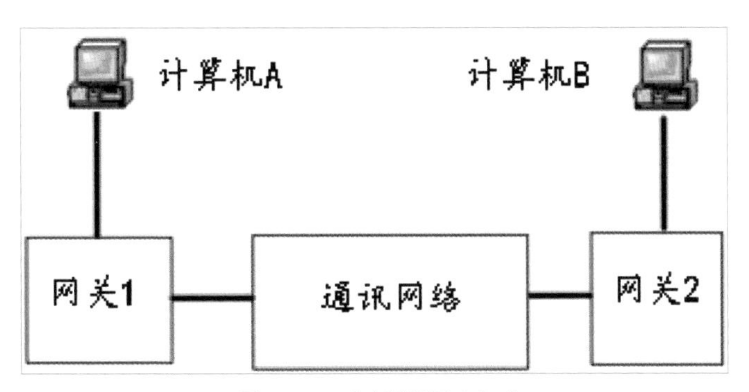

图4-6 IP电话的通讯方式

而在运输层中则采用无连接的UDP的方式，其主要目的是为了保证语音数据的传输的实时性，然后将UDP数据包交由IP分组网络来进行传送；在将压缩数据传送至UDP之前，先用RTP/RTCP协议对压缩数据进行处理。RTP协议用以传送语音数据，而RTCP协议用以传送语音数据的控制信息，如图4-7左侧所示。

而当接收侧收到数据后，其处理过程与发送侧相反，通过两层协议的约束，并且解压缩数据，恢复出原始的发送数据，如图4-7右侧所示。

通常每个网关，既要发送语音数据，又要接收语音数据，所以包含图4-7中的所有功能。实际上，网关的基本功能就是完成语音数据的压缩、解压缩和打包、解包处理。

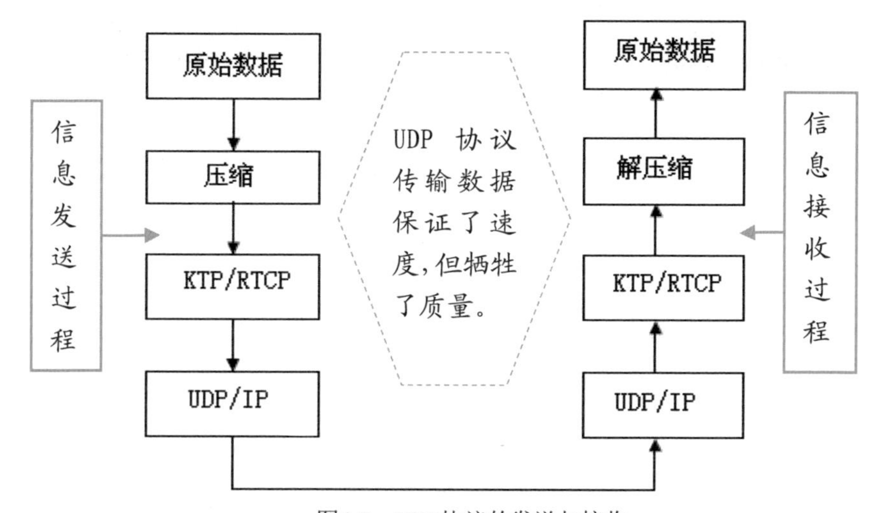

图4-7　UDP协议的发送与接收

实际的传输网络可能是非常简单的局域网，信息传输的路径简单到和图4-6中显示的原理图类似，通过网关就可以将计算机连接起来。不过，也可能是极其复杂的广域网，传输途径中包含各种各样的网络设备，如网络交换机、路由器、ATM交换机、SDH等。

提示　UDP 协议对于传输过程中发生的错误采用直接丢弃的方式处理。这一方法对文件传输是致命的，但是对语音传输而言，丢掉部分信息并不会导致语音完全无法识别，因此是可用的。

下面，我们来具体看看整个IP电话语音传送过程中涉及的技术。

1. 语音的压缩编码和解码模拟的语音信号首先要进行模拟－数字转换，也就是对模拟语音信号进行量化处理，需要用到图4-8所示的模数转换器，才可以得到

数字计算机可以处理和发送的信号。这一过程通常可以通过使用各种语音编码方案来实现，目前常采用的语音编码标准主要有ITU-T G.711（含G.711A和G.711μ两种）。这种语音编码标准的数据速率为64kbit/s。为了充分地利用IP网络的带宽资源，通常会根据具体的应用场合采用合适的语音压缩编码，将原始的语音数据进行压缩处理。最常用的压缩编码有ITU-T G.723.1和ITU-T G.729等，其中ITU-T G.723.1的数据速率为5.3kbit/s或6.3kbit/s，而ITU-T G.729的数据速率为8 kbit/s，可见，经过压缩处理可以在很大程度上提高网络带宽的利用率。

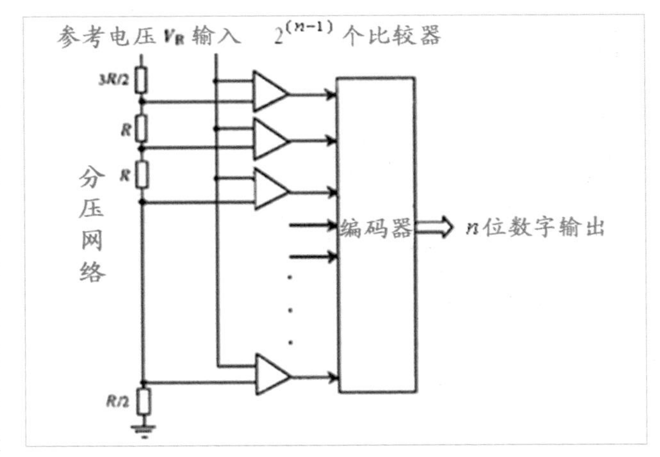

图4-8　模数转换器

提示　图 4-8 是最基本的模数转换器原理图，可以将模拟型号（如人说话的语音），转换成计算机可以识别的数字信号（0、1 构成的字符串）。

在数据的接收端，同样有一个相应的逆过程，即语音的解压缩处理过程，如图4-9所示。通过解压缩，将接收到的信息还原出它的本来面目，最后通过数字一模拟转换等处理，输出人耳可直接辨识的语音信号。

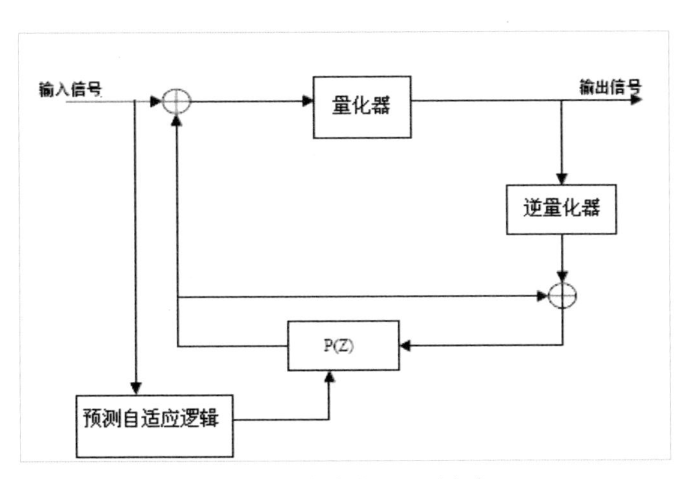

图4-9　由数字信号还原声音

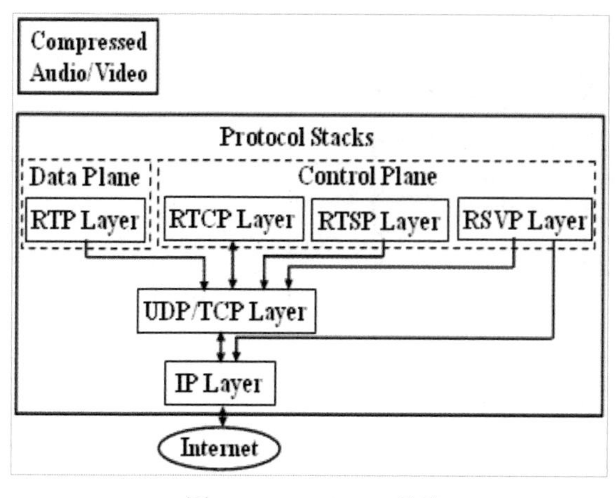

图4-10　RTP/RTCP协议

2．RTP/RTCP（实时传输控制协议）

语音数据经过压缩后，就可以采用RTP/RTCP协议封装，然后利用UDP协议来进行传输，协议的使用过程如图4-10所示。RTP/RTCP为音频、视频等实时数据提供端到端的传递服务，可以向接收端传送恢复实时信号必须的定时和顺序信息，并向收发双方提供QoS（服务质量）检测手段。RTP/RTCP实际上包含两个协议：RTP（实时传送协议—Real-time Transport Protocol）和RTCP（实时传送控制协议—Real-time Transport Control Protocol），如图4-11所示。其中，RTP本身用以传送实时数据，接收端可以利用RTP包含的信息来正确地重组原始信号，如实现压缩编码识别、排序、丢包补偿等功能；而RTCP用以传送实时数据传送的质量参数，提供QoS监视机制。但RTP/RTCP本身并没有保证QoS的机制，必须借助于资源预留协议等手段。

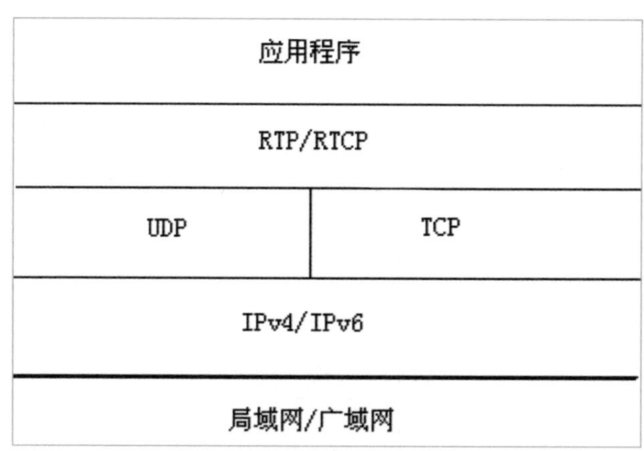

图4-11　RTP/RTCP协议在网络协议中的位置

3．传送

RTP封装后语音数据的经由UDP/IP来进行传输。由于UDP提供的是无连接的服务，容易产生网络丢包等问题，并且不能保证包传输的次序，这些问题可以利用RTP/RTCP协议部分得以解决。接着数据包通过数据链路层和物理层封装（以太网络的7层结构见图4-12），并经网络设备送至目的端。目的端接收后进行源端的逆过

程，最后输出语音信号。

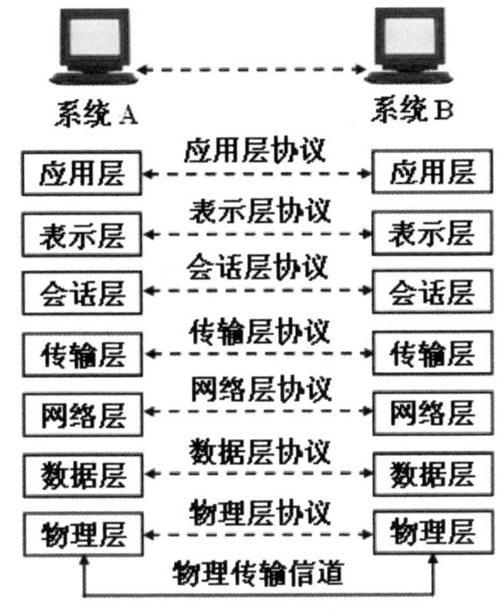

图4-12　以太网七层协议

提示　传统的以太网络（互联网属于以太网）在功能上可以划分为7个层次，如图4-12所示。低一次层是高一层功能实现的基础。

4．常用协议

在实际应用中，为了实现上述的语音数据的通信过程，需要有呼叫控制规范来实现呼叫的接续。VoIP的各种协议就是实现呼叫控制的技术规范。

讲到VoIP的协议，肯定得提到H. 323协议（H. 323协议的体系结构如图4-13所示）。H. 323协议由ITU-T制定，并已经在业界得到广泛的应用。H. 323协议是一个协议族，包含RAS、Q. 931、H. 245等一系列的协议：RAS协议用于呼叫接入控制等功能，Q. 931协议用于实现呼叫控制，而H. 245协议用于媒体信道控制。H. 323协议采用的是类似于传统电信系统的层次架构，容易实现系统的分层。协议的体系结构非常完整，但整个系统比较复杂，功能比较强大，但实现呼叫的功能不灵活。

SIP协议是另一个主要的VoIP体系。与H. 323协议不同，SIP协议采用的是客户机/服务器（C/S）结构，定义了各种不同的服务器和用户代理，通过和服务器之间的请求和响应来完成呼叫控制。SIP协议的呼叫流程比较简单灵活，系统的可扩展性较好。

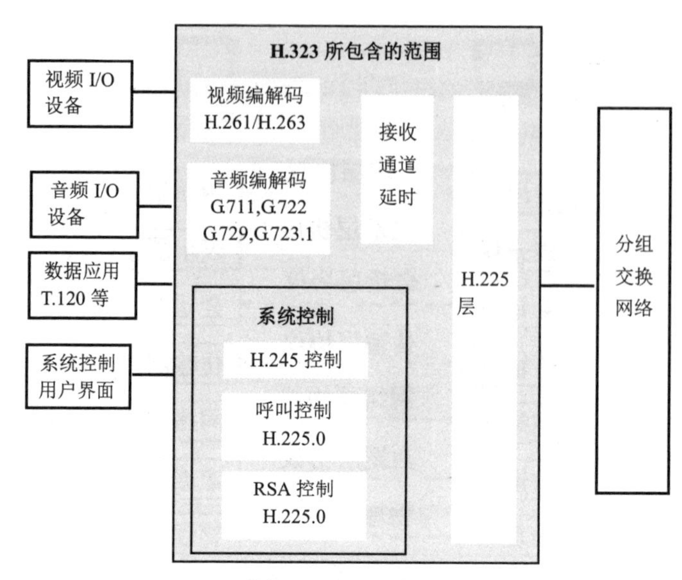

图4-13　H.323协议

MGCP协议实际上是一个补充的协议。在H. 323协议和SIP协议中的网关设备，不仅要执行媒体格式的变换，如压缩和解压缩、RTP打包与解包等功能，而且还要进行信令的转换，在IP网络侧执行H. 323或SIP协议，在PSTN侧执行电路交换的信令。这样，网关的功能变得非常复杂，限制了每个网关设备的容量；而且，随着应用的不断普及，将有更多的网关终端进入用户，由于成本较高，并存在网络安全等问题，使得这类网关设备严重影响VoIP系统应用。MGCP协议就可以解决这些问题，其基本思想就是将媒体变换功能和网关控制功能相分离。使网关只承担简单的媒体变换功能，称为媒体网关（MG：Media Gateway），复杂的网关控制功能则由网关之外的独立的控制实体来执行，该实体称为呼叫代理（CA：Call Agent），两者之间的接口就采用MGCP协议来进行交互。

提示　通过 H. 323 协议可以实现音频视频设备的控制，音频视频的软件编码，以及信息的传输和修正等诸多功能。

H. 248协议与MGCP类似，也是一种媒体网关控制协议，与MGCP协议相比，H. 248协议可以支持更多类型的接入技术，并支持终端的移动性，除此以外，H. 248协议最著名之处在于比MGCP所允许的规模更大，更具灵活性，H. 248协议通过增加许多Package的定义来对协议的功能进行扩展。H. 248协议是在MGCP协议的基础

上发展而来的，随着H. 248协议的不断完善，将逐渐取代MGCP协议成为媒体网关控制的主要标准。

网络电话的优点

VoIP电话（图4-14）的应用在近几年得到了迅速的发展，这与其许多独特的技术特点是分不开的，这些技术特点给传统的电信通信网络带来了极大冲击，下面，我们就来看看VoIP电话网络具体拥有什么过人之处。

提示　智能电话网络，虽然主干网络使用的还是传统电话网，不过在终端方面使用了 IP 电话。

1. 低成本

价格低廉是VoIP技术得以发展的一个非常重要的因素。VoIP采用语音压缩技术，即使加上RTP/UDP/IP封装以及底层传输的开销，通常也只需要传统电路交换网络1/3~1/4的带宽，从而节省了铺设网络的成本；而且，利用VoIP技术来传输语音，本质上是使用了分组统计复用技术，这样就可以在更大程度上提高网络带宽的利用率，减少带宽上的投资。

图4-14　VoIP电话

同时，随着VoIP技术和电子制造技术的迅猛发展，网关等设备的生产成本也迅速下降。低成本为VoIP技术的迅速推广应用奠定了坚实的基础。

2. 容易实现增值业务

VoIP技术的优势绝非仅仅是价格低廉，灵活实现增值业务才是VoIP得以发展的真正动力。VoIP采用的是智能终端。IP网络是开放式的网络，其固有的分布式计算机环境很容易迅速推出新的业务。相对而言，电话网推出一项增值业务往往比较困

难，有时受限于终端能力和网络互通能力，某些业务还无法提供。在局端系统中，传统电话网采用智能网技术来实现增值业务（图4-15），而VoIP技术从本质上来讲，比智能网技术更加灵活，可发展的空间也更广阔。

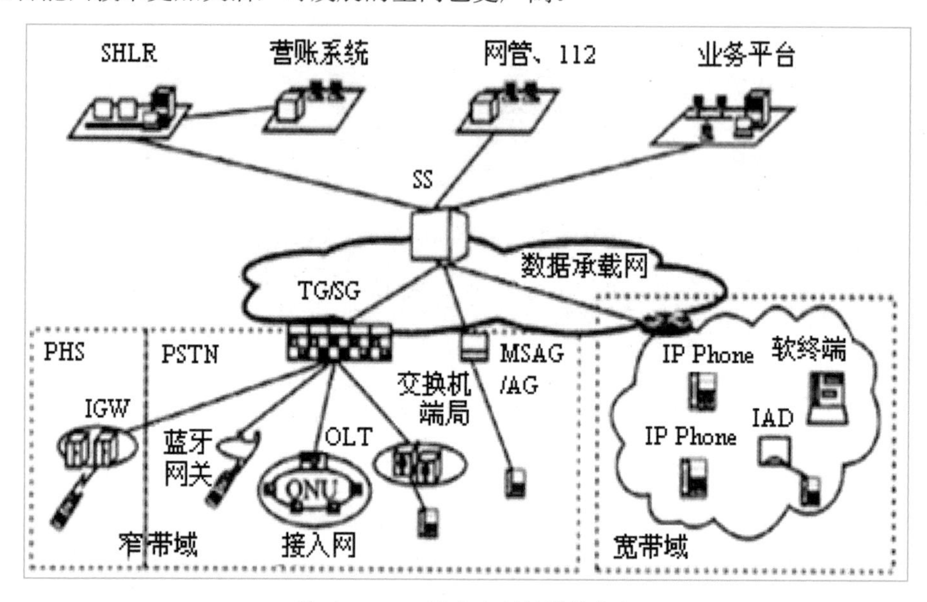

图4-15　VoIP技术实现的增值业务

3.　对传统通信业的巨大冲击

VoIP技术的发展对电信业是革命性的。VoIP企业网的建设就是一个很好的例子。如图4-16所示，依赖VoIP技术和IP网络，企业就可以实现各部门和分布在世界各地的分支机构之间的通信。这在过去是无法想象的，给传统的电信运营商带来极大的冲击，但同时也给新兴运营商的迅速崛起创造了条件。随着1999年IP电话在我国商用以来，中国吉通和中国网通得到了迅速发展，成为提供长话通信的主要运营商。随着VoIP在接入层应用技术的日益成熟，也势必对传统的市话网造成极大的冲击。更重要的是，VoIP不仅可以代替部分和全部传统电路交换可以提供的服务，而且可以提供许多电路交换无法提供的服务，具有全新的服务概念。

总之，价格优势仅仅是VoIP技术进入市场的原始推动力，勉强的语音质量也不是VoIP技术的代名词。高质量的语音编码已经逐步应用，可以提供类似高保真的语音质量，而且随着与视频技术、文本通信技术等的结合，加上VoIP本身具有灵活开展各种业务的能力，可以为用户提供各种高质量、非常有特色的新兴通信服务。

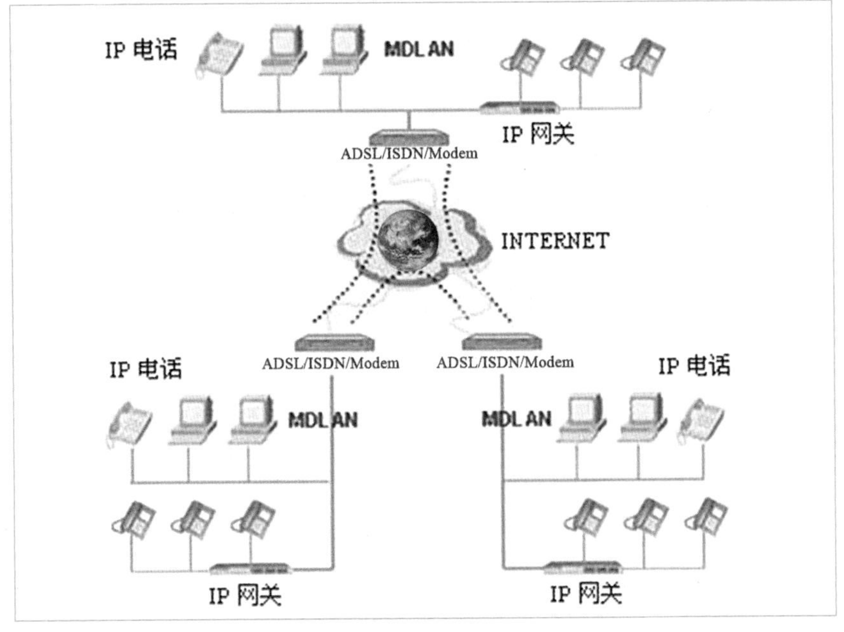

图4-16 通过VoIP实现远距离网络互连

提示 通过互联网和VoIP技术，可以将企业位于各地的分支机构有效的联系在一起。

用 RedVIP 拨打免费网络电话

随着网络的发展，网络电话软件也日益变得成熟。一些网络电话开发商，为了吸引用户，抢占市场，纷纷搞出一些注册送话费或者提供免费通话时间的活动。虽然送的免费通话时间不多，但只要不怕麻烦，利用其中的技巧，就可以随心所欲地拨打免费的网络电话，与远方的亲友通讯了。

在这里，首先介绍一款基于VoIP技术的IP电话拨打软件——RedVIP，其登录界面如图4-17所示。

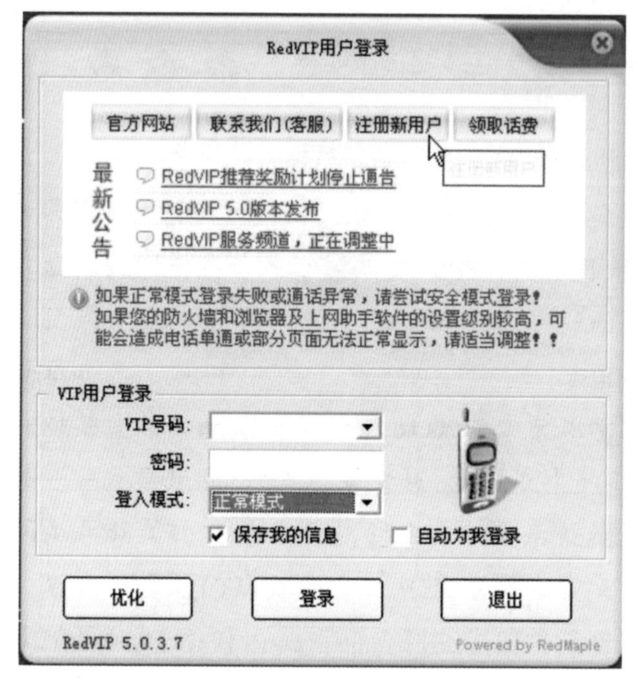

图4-17　RedVIP登录界面

该软件是一款新开发的网络电话，其免费的程度截至笔者交稿之时也是最高的，而且免费用户和收费用户没有分开，两者共用一条电讯线路，通话质量也是很不错的，同时也拥有很高的拨通率。

图4-18　RedVIP官方网站

首先，我们需要下载安装RedVIP：

1. RedVIP的官方网站地址是www.Redvip.net。在你的浏览器地址栏中输入该网址，按回车键即可打开如图4-18所示的网页。

2. 单击“下载安装并注册号码”链接，打开软件下载界面。

3．单击其中的“RedVIP5.0安装程序”链接，打开如图4-19所示的“文件下载－安全警告”窗口。

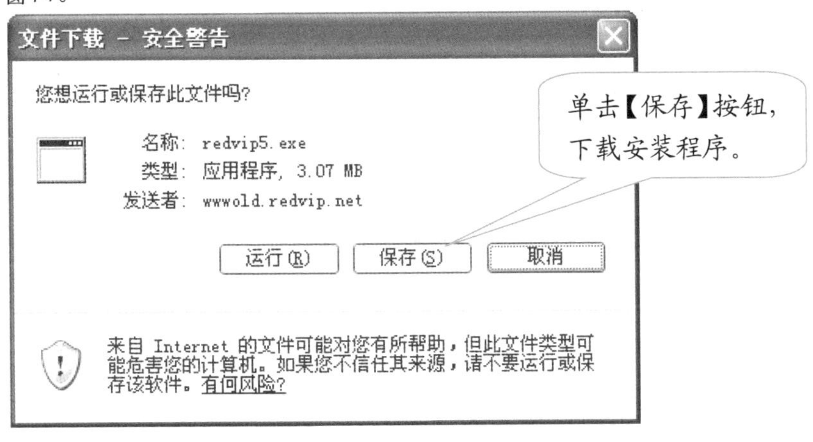

图4-19　下载RedVIP安装程序

4．单击【保存】按钮，选择保存文件的位置，然后单击【确定】按钮，开始下载RedVIP的安装程序。

5．有时会出现官方网站无法连接或者下载速度缓慢的情况，这时可以使用Google或Baidu搜索“RedVIP”，从其他软件下载站下载。

在下载完成后，我们开始安装RedVIP：

1．先在我们保存文件的地方找到安装程序的图标，如图4-20所示，双击打开它。

图4-20　RedVIP安装程序

2．打开安装程序后，会弹出安装语言选择窗口。既然我们用中文，选择“Chinese Simplified”（简体中文）就可以了。当然，如果你想锻炼自己的英文能力，也不妨选择English作为安装语言。

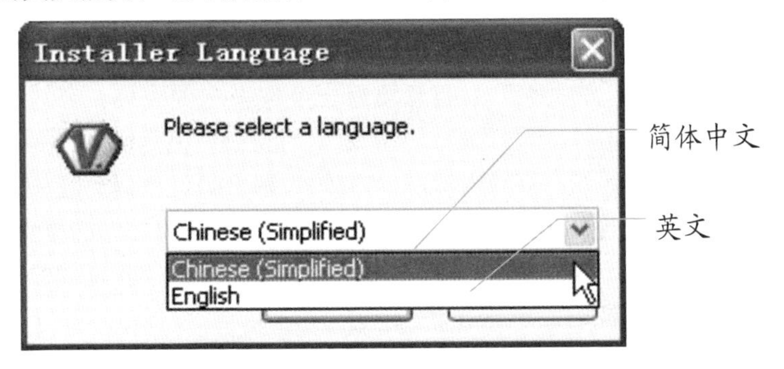

图4-21　选择安装语言

3.选择完语言后，单击【OK】按钮，进入RedVIP的安装向导。

4．单击【下一步】按钮，进入图4-22所示的许可证协议窗口。

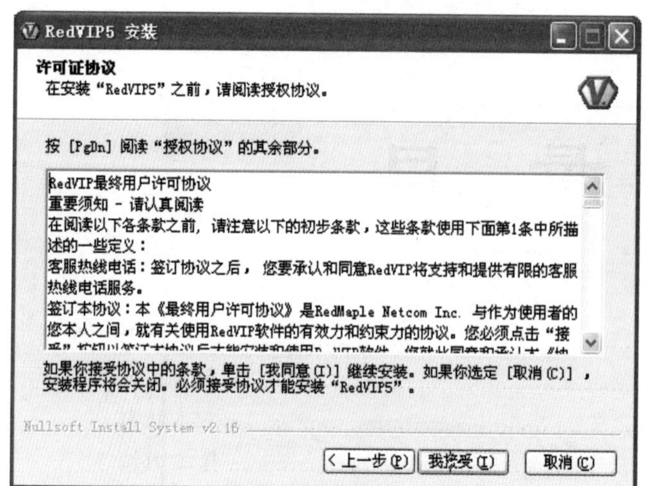

图4-22　只有接受了许可证协议才可以继续安装

5．单击【我接受】按钮，进入下一步。

6．选择软件安装目录。RedVIP仅需要占用约3.5M的磁盘空间，因此建议你将它安装到系统所在驱动器，以减少出现不可预知错误的可能性。然后单击【下一步】按钮。

7．选择创建快捷文件夹的名称（通常可以使用默认设置），单击【安装】按钮开始RedVIP的安装。

8．待进度条长满后，单击【下一步】按钮。

9．单击【完成】按钮，完成RedVIP的安装，并启动RedVIP主程序。

提示　如果安装任何软件出现问题，最好的解决方法是卸载掉这个软件，然后重新安装到软件默认设置的目录上。

启动后的RedVIP新版界面如前图4-17所示，可以看出新版界面更为华丽。在我们使用RedVIP通话之前，和所有的即时通信软件一样，我们要先注册一个新用户：

1．单击窗口上方的【注册新用户】按钮，通过互联网浏览器打开RedVIP的注册页面。

2．单击其中的【手机】按钮，打开如图4-23所示的手机注册界面。

3．在“用户昵称”中随意填写一个你喜欢的昵称。在“手机号码”中填写自己的移动/联通/小灵通号码。一定要填写正确，因为需要短信验证的，不过大可放心，不会收取手机任何费用。在“密码”和“确认密码”栏中填写密码，同样请注意密码的安全性和保密性。在“推荐人VIP号”中填写你的推荐人的VIP账号。如果你没有推荐人，可以填写94357672。最后，在“确认验证码”中填入从右侧验证图片中读出的验证码，单击【下一步】按钮。

4．稍等一会，会弹出提示框显示“发送成功，请输入手机收到的验证码”，同时刚才注册时填写的手机号会收到一条包含验证码的短信。

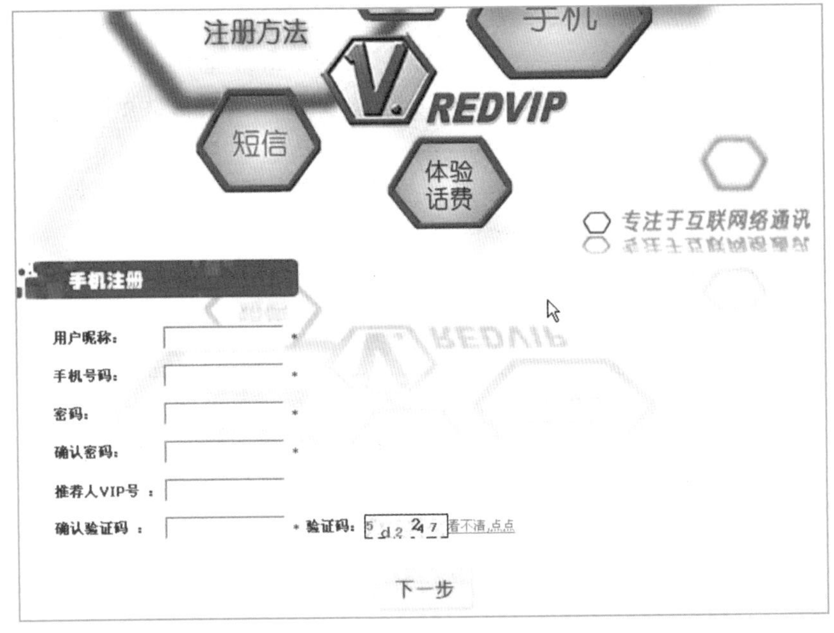

图4-23　RedVIP手机注册界面

5．单击提示框中的【确定】按钮，打开新的验证窗口。

6．在上端的验证码文本框中输入刚才从短信上得到的验证码，注意区分大小写。在下端的验证码文本框中输入由验证图片读出的验证码，然后单击【下一步】按钮。

提示　通过手机注册可以获得 2 元的体验话费，而通过 Email 注册只能得到 0.30 元的话费。所以，建议你使用手机注册，不会收取额外费用。

7．打开的新页面中会告知你申请到的VIP号码，你的账户余额，以及申请时用到的手机号码。此时的账户余额为空，我们可以在网站上领取体验话费，开始体验网络电话的通畅与便捷。

领取体验话费的方法其实很简单：

1．单击注册成功最下端的红色的链接——“单击此处获得体验话费”，打开如图4-25所示的“新注册用户获得体验话费”页面。

2．按照说明，我们需要在RedVIP软件中拨打91009100这个号码，来获得免费的体验话费。

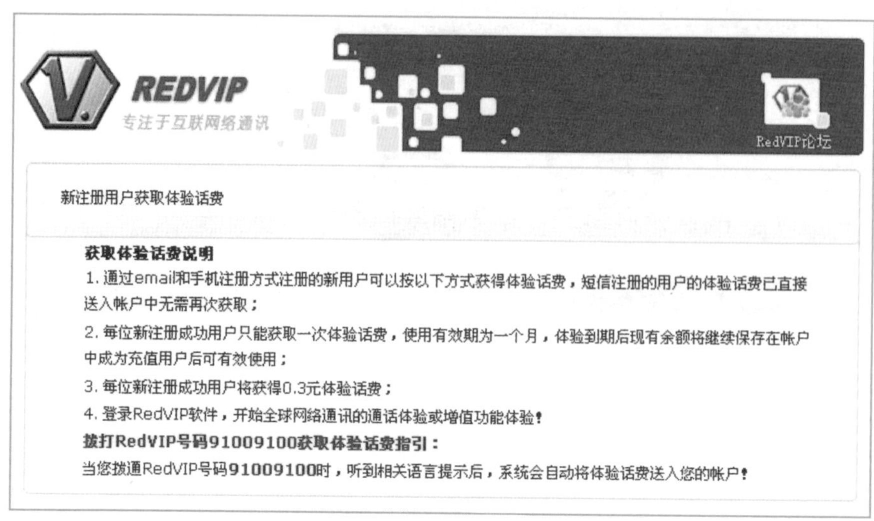

图4-24　领取免费的话费

那么，我们就以拨打91009100获取话费为例，来看一下如何使用RedVIP与朋友们取得联系。

1．运行RedVIP主程序后，在“VIP用户登录”界面中输入你的VIP号码、对应的账户密码，登录模式选择“正常模式”，如图4-25所示。如果你是在个人计算机上使用RedVIP网络电话，那么勾选“保存我的信息”和“自动为我登录”选项，以节省以后每次的登录时间。

2．填写登录信息完毕后，单击【登录】按钮。

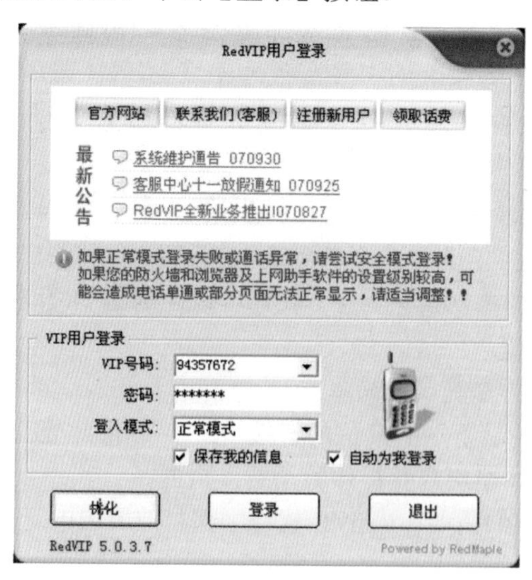

图4-25　登录RedVIP程序

3．由于是第一次使用，RedVIP会自动运行网络优化功能，使网络资源的使用率得到最大化，同时提高通讯质量，如图4-26所示。

提示　你也可以手动运行优化程序：在登录界面上单击左下角的【优化】按钮即可。

4．在登录完成后可以看到如图4-27所示的RedVIP主界面。RedVIP主界面像一部手机面板。分为拨号和功能选项两部分，图4-27显示的是拨号部分，我们使用这部分进行网络电话的拨号操作。

5．界面左侧是麦克风音量条，右侧是耳机音量条，最上方显示了当前账户的信号质量和余额，因为我们还没对新账户进行充值，所以现在显示的金额为零。我们通过获取体验话费，可以增加账户中的话费余额。

6．在RedVIP主窗口处于激活状况时，通过键盘的数字键可以输入需要拨打的电话号码，也可以用鼠标点击界面上的数字按键实现电话号码的输入。输入的电话号码会显示在程序最上方的文本框中。我们接下来先要拨打91009100这个获取免费话费的电话号码。

7．单击绿色的拨号按钮，开始连接你要拨打的号码。

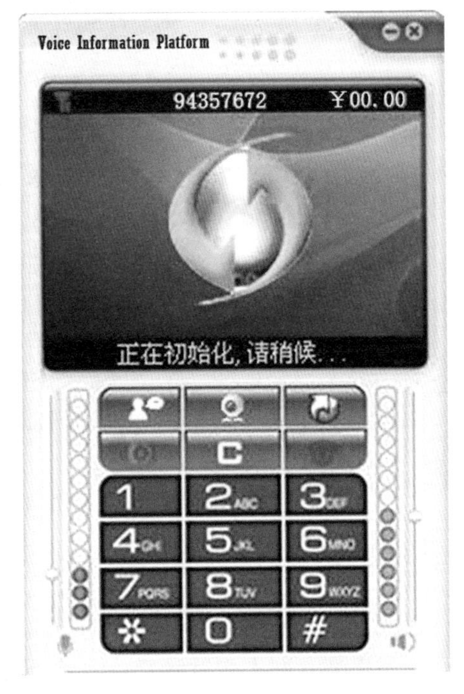

图4-26 RedVIP程序进行初始化

8．91009100拨通后我们可以听到提示音告知你可以领取体验话费。按照语音的提示，在拨号界面上输入你在耳机中听到的数字，便可以得到操作成功的提示。稍等片刻，你的体验话费便会加入到账户中。

9．向你的朋友索取他们的RedVIP号码，你们之间便可以开始网络电话的交流之旅了。

单凭赠送的话费可能无法满足你拨打电话的需求，这时便需要你为自己的账户充值，以便获得足够RedVIP话费：

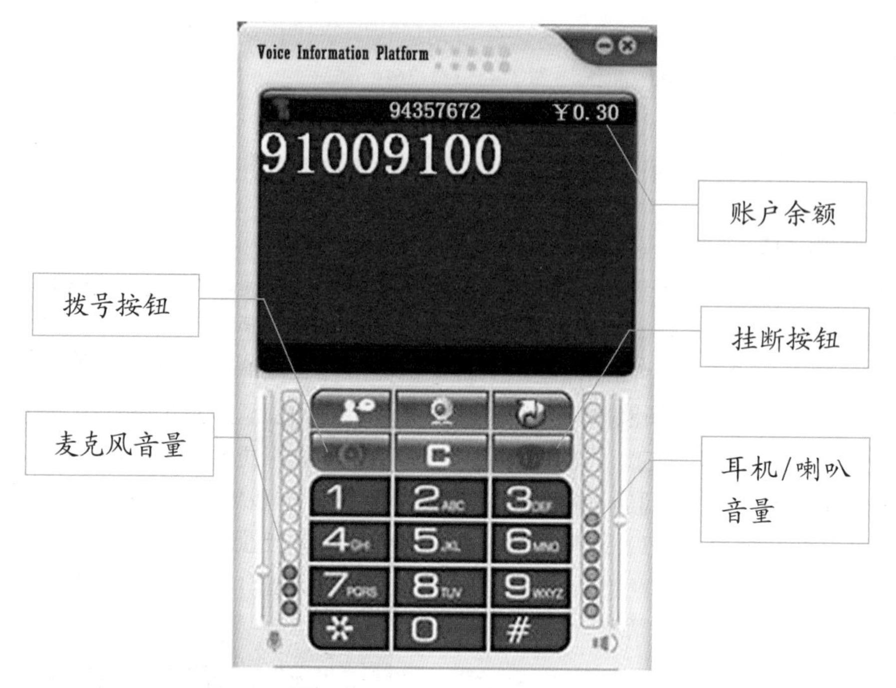

图4-27　RedVIP程序拨号界面

1. 充值过程并不麻烦。首先在RedVIP主界面的下半部分找到图4-28所示的充值选项。

2. 单击“充值”图标，打开如图4-29所示的充值网页。

3. 默认状况下，用户是进行普通充值。如果你有网上银行账户，选择一个你拥有的银行卡，在“充值金额”文本框中输入欲充值的资金数目，单击【提交】按钮后按照网上银行的操作方式充值。

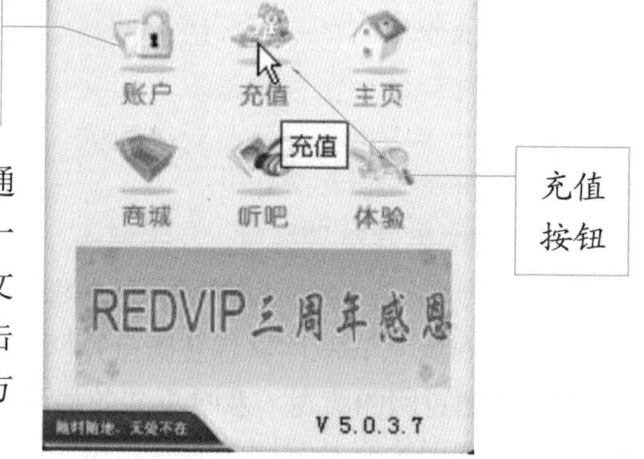

图4-28　RedVIP主界面下半部分

4. 你还可以通过使用中国移动的手机充值卡充值，这时选择“中国移动神州行充值卡充值”，按提示操作即可。

5. 你也可以通过支付宝充值。不过，最为保险的充值方法还是购买RedVIP的充值卡。首先，通过各种途径购买RedVIP的充值卡（可以在本界面上下订单，RedVIP有送货上门服务），然后单击“RedVIP充值卡充值”连接，打开如图4-30所示的界面。在其中填入你购买到的充值卡的号码和充值卡的密码，然后单击【提

交】按钮，系统便会将你充值卡中的资金加到VIP账户中，完成充值操作。

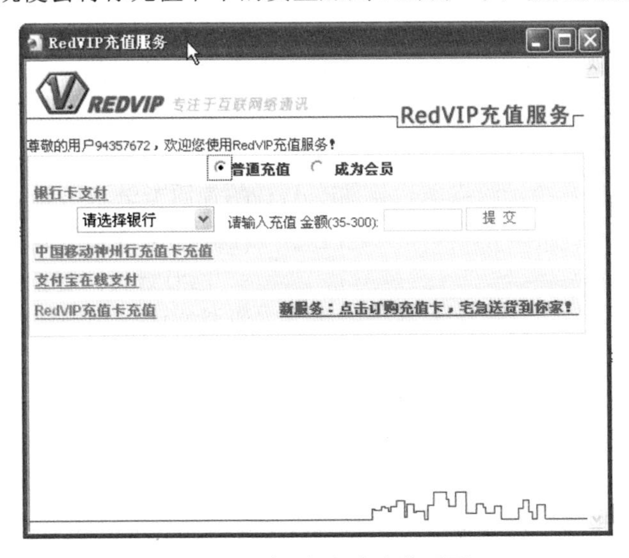

图4-29 默认银行卡充值页面

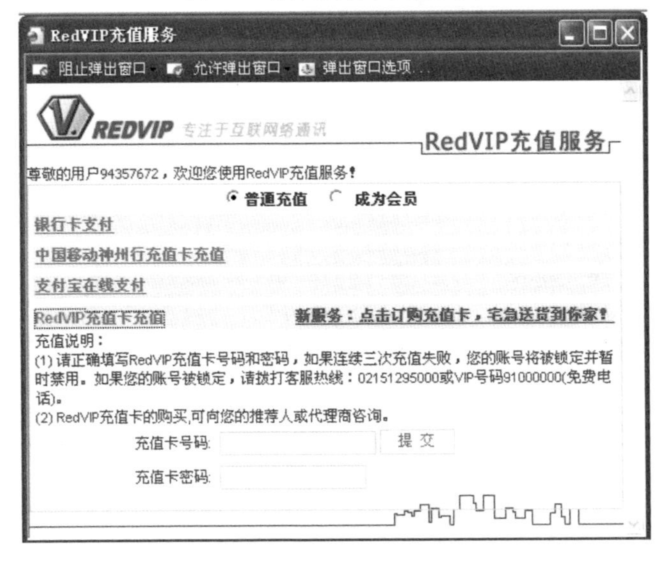

图4-30 RedVIP充值卡充值页面

提示 一旦3次输入密码出错，你的VIP账号就会被锁定，此时请联系客服热线解决问题。

全方位通讯——使用 Skype

前一节，我们介绍了网络电话软件RedVIP的使用方法。虽然RedVIP有着低廉的话费、良好的语音质量等诸多优势，但是，该软件并没有很好地把电话网和电信网结合在一起。

图4-31　Skype登录界面

这一节将着重介绍一款在国际上也是大名鼎鼎的网络电话软件——Skype（图4-31是其工作界面）。使用它，不仅可以实现计算机间良好的语音通讯，而且可以拨打世界任何一个角落的固定或移动电话。下面就让我们从网上下载并安装Skype中文版软件：

1. Skype在中国的官方网站地址是：skype.tom.com。在浏览器地址栏中输入该网址，按回车键打开如图4-32所示的网页。

2. 单击“免费下载”图标，打开文件下载窗口。

3. 在打开的下载窗口中，选择保存文件的位置，然后单击【保存】按钮，开始下载Skype安装程序。

图4-32　只有接受了许可证协议才可以继续安装

4. 有时会出现官方网站无法连接或者下载速度缓慢的情况，这时可以点击“更多版本下载”，在打开的网页中选择一个速度较快的进行下载，如图4-33所示。

图4-33 在这里可以下载不同版本的Skype

下载完成后，我们便可以开始安装了。

1. 找到安装文件的位置，双击运行安装程序。

2. 如果没有选择“下载完毕后关闭该对话框”，也可以在“下载完毕”窗口中直接单击【运行】按钮，启动安装程序。

3. Windows XP有可能会提示该软件有风险，询问你是否继续安装，单击【运行】按钮继续。

4. 正式启动安装程序后出现图4-34所示窗口，勾选“同意Skype最终用户许可协议书”，单击【下一步】按钮。

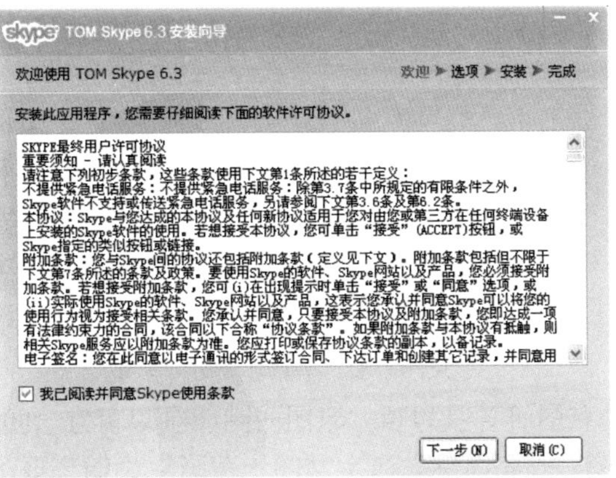

图4-34 开始安装Skype

5. 接下来在图4-35所示的窗口中选择软件安装目录，你可以直接在“程序安装目录”文本框中输入希望安装到的位置，也可以单击右侧的【…】按钮，在弹出的“浏览文件夹”窗口中选择安装路径。确定之后，单击【安装】按钮继续。

6. 安装程序出现图4-36所示的窗口，开始安装。

7. 安装完成后Skype会自动启动，

单击安装窗口中的【完成】按钮。

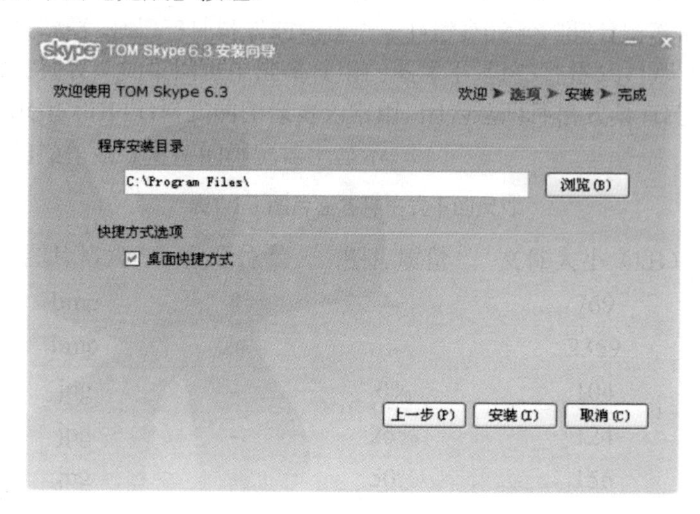

图4-35　设置安装路径

图4-36　进行Skype的安装

提示　Skype 支持 Windows，Linux，IOS，安卓等各种操作系统。

● 创建Skype账号

Skype自动启动后会弹出如图4-37的登录窗口，在其中可以创建账号。请确定你的计算机已经接入网络，下面我们开始创建一个新的Skype账号：

图4-37 Skype登录界面

提示 因为 Skype 已经被微软收购了（除了中国大陆外，中国大陆是 tom 网在运营），所以如果你有 MSN 账号的话，可以直接用 MSN 账号登录。

1. 点击创建账号，打开图4-38所示的注册网站。

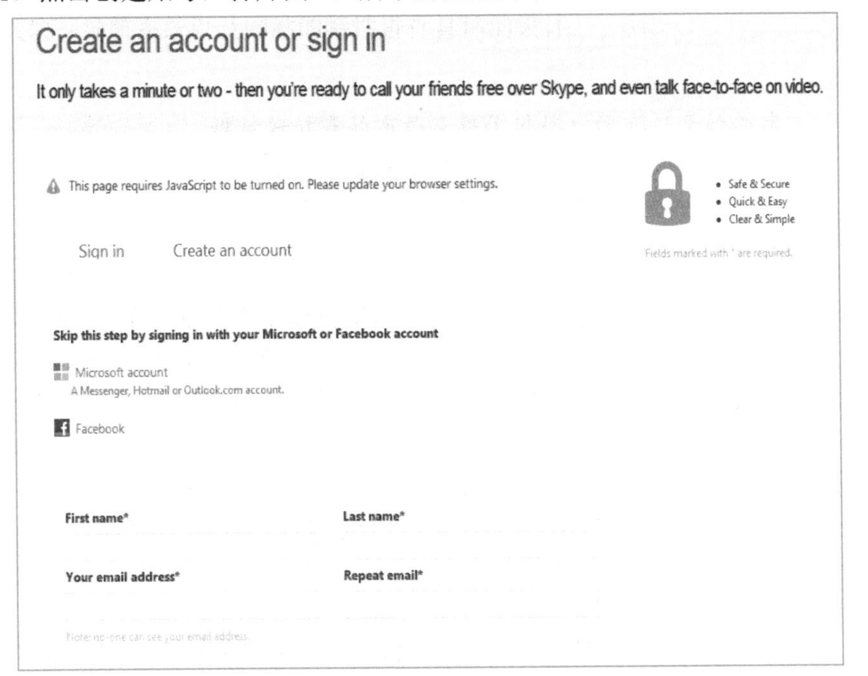

图4-38 Skype用户注册界面

2. 在“Fisrt Name”文本框中填入你名字的拼音，在“Last Name”文本框中填入姓氏的拼音。在“Your email address”和“Repeat Email”中填入一个正确的邮箱地址。

3. 在“Country/Regi on”文本框中选择国家，并且在“City”文本框中填写你所在的城市名称，以备Skype服务器查询时使用。而后选择“Language”为“Chinese”以方便使用中文。

4. 在“Skype Name”文本框中输入一个你喜欢的称呼，在“Password”和“Repeat Password”文本框中输入你为这个账号设置的密码，最后在“Type the text above here”中输入看到的验证码，而后点击图4-39 所示的“I Agree – Continue”按钮完成账户注册。

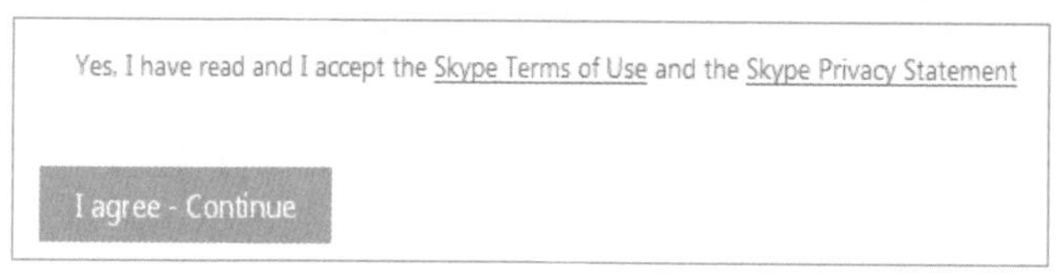

图4-39　同意注册按钮

5. Skype会自动登录服务器，为你创建新账号。

6. 如果提示你注册的用户名已经存在，请更换用户名重新注册，Skype系统也会提供相近的用户名供你选择。

Skype登录后可以看到图4-40所示的窗口，在这里你会发现Skype几乎集成了本书介绍过的全部即时通信软件的核心功能，这也就是为什么称Skype为全方位通讯的原因。

图4-40　Skype主界面

● 设置个人资料

使用RedVIP，我们可以直接在主界面中输入对方的号码，直接拨打即可。但是，使用Skype却不同，我们首先需要设置个人资料的，以便朋友可以容易地认出你。

1. 登录Skype后，选择【Skype】|【个人资料】|【编辑个人资料】命令，打开如图4-41所示的“我的个人资料”窗口。此窗口中除了电子邮箱地址外，其他的个人资料都是公开的。

图4-41 修改个人信息

2. 在这个窗口中可以直接更改昵称及其他信息。

3. 若要更改头像，可以单击左上方图片左下角侧的【更改图片】按钮，打开文件浏览窗口，在其中选择你之前设为头像的图片，或者单击【浏览】按钮，打开“选择图片”窗口。选择好图片后，单击【设为我的头像】按钮，完成头像的修改。

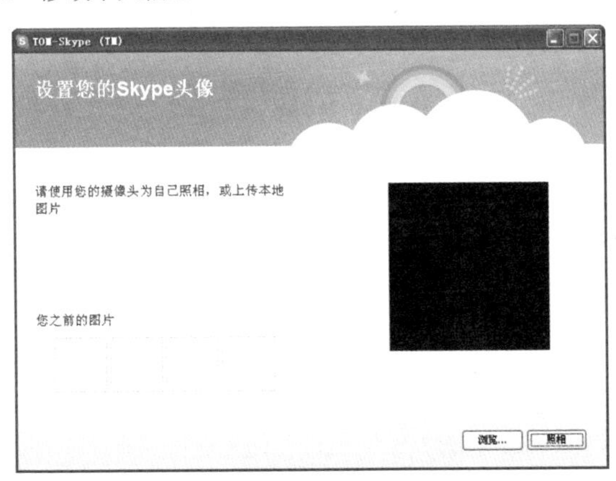

图4-42 选择新头像

4. 如果感觉选择的图像不好，

单击【重新截图】按钮，可以返回图4-42所示的头像选择窗口重新选择。

在填好个人资料之后，单击【更新】按钮，你的个人资料就可以被其他用户查看到了。

● 添加好友

与之前介绍的即时通信软件一样，Skype在通讯之前也需要添加好友。

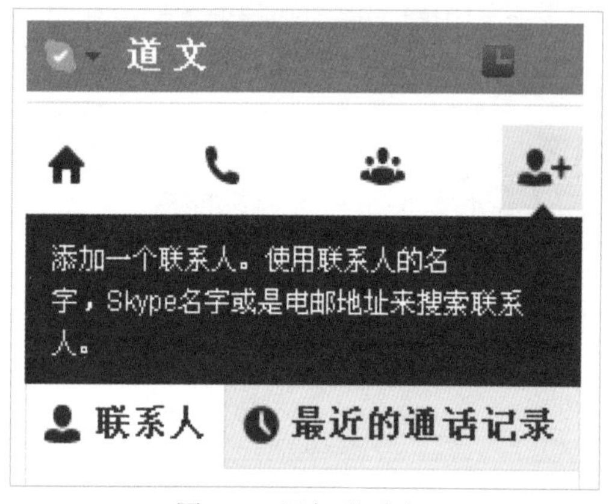

图4-43 添加联系人

1．单击Skype界面左上方【添加好友】按钮（图4-43）或单击【联系人】|【添加联系人】，打开“添加好友”的搜索框，如图4-44所示。

2．在此窗口的文本框中填入你的好友的用户名或者姓名或者E-MAIL地址，然后单击【搜索】按钮，你就可以在弹出的图4-45所示窗口中看到好友的用户名。

3．选中你要添加的用户名，单击【加为联系人】的按钮。之后，系统会向你的好友发送一份验证请求，请求他通过你的身份验证。在你的好友同意后，你就可以和他取得联系了。

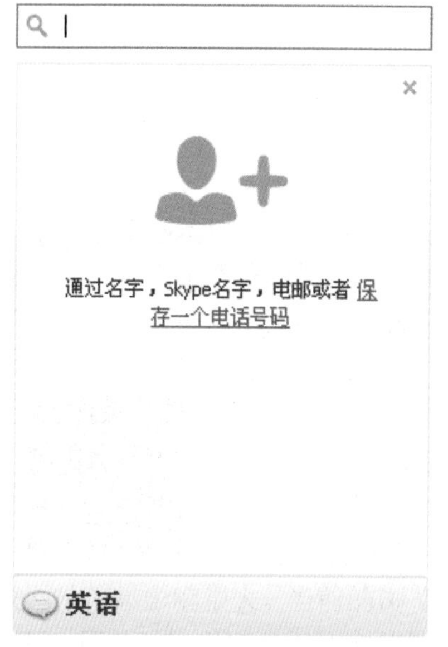

图4-44 好友搜索框

图4-45 好友搜索结果

● 发送即时消息

Skype也提供了发送文字消息的功能，使用起来很简单：

1．右键单击你的一位好友，在弹出的菜单中选择【发送即时消息】命令，或单击Skype界面上方的【会话】按钮，即可进入发送即时消息的窗口。

2．和其他即时通信软件一样，在图4-46所示的即时消息窗口中输入你要发送的文字或表情符号，然后按回车键或点击【发送】按钮，你的即时消息就会被Skype发送出去了。

图4-46　发送文字消息

● 语音呼叫好友

Skype可以帮助你和朋友做到全方位的通讯。不过，这个软件最擅长的还是语音通讯——语音呼叫、多人语音会议以及拨打普通电话。下面，就来一一介绍Skype的这些功能，相信能给你带来很大的帮助。

1．要进行语音呼叫很简单。首先，你需要选择要通话的好友。然后，单击软件界面下方的绿色电话标志（拨叫）或者用鼠标右键单击你要通话的好友。

图4-47　呼叫一个好友

在弹出的快捷菜单中选择【通话】命令，如图4-47所示。

2．此时，Skype的软件主窗口将会切换到如图4-48所示的用户呼叫界面。如果你的好友在线的话，等你的好友接受呼叫后，语音呼叫就接通了。

3．呼叫接通后，你的系统开始计时。这时你就可以通过连接到计算机上的耳麦和你的好友通话。当你想结束通话时，只需要单击右下角红色电话标志（挂断）就可以结束此次通话了。

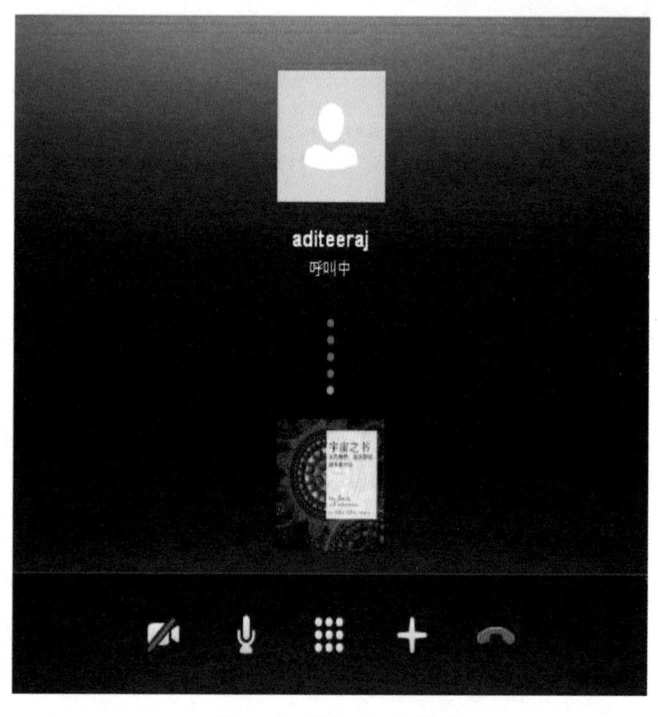

图4-48　正在呼叫好友

● 多人语音会议

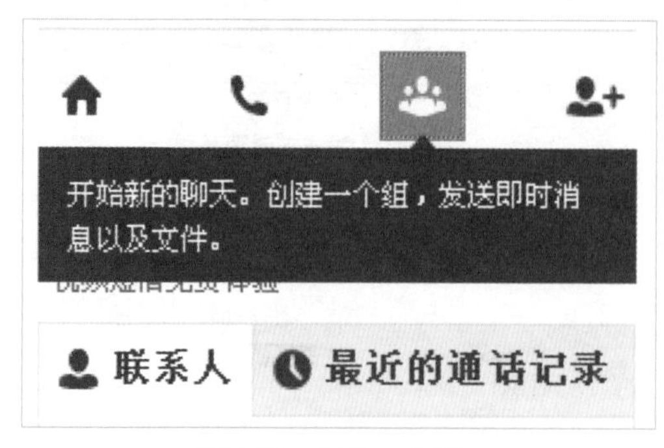

图4-49　创建一个组

1．使用多人语音会议功能可以使你方便地与多人同时通话。要使用多人语音会议，在Skype界面上单击左上方的【创建组】按钮，如图4-49所示，即可启动“发起语音会议”窗口。

2．启动“发起语音会议”窗口后，我们即可添加参与语音会议的好友。在窗口的左侧显示的是“所有联系人”列表，在其中你可以选择添加要参加会

议的好友。选择你要加入会议的好友后，拖动到右侧，该好友会被移入“会议参与者”列表中，如图4-50所示。

图4-50 在组中添加好友

3. 选择“会议参与者”列表中的好友名称后再单击【删除】按钮，可以移除已经添加到语音会议中的好友。

4. 需要提醒你注意的是，语音会议只能对在线好友发起。也就是说，你只能把“所有联系人”列表显示为绿色的在线好友添加到“会议参与者”列表中。而那些显示为灰色的好友由于处于离线状态，你将无法添加他们到语音会议中。

5. 在添加联系人完成后，单击【呼叫组】按钮，就可以开始你的“电话会议”了。最上方显示你的用户名（作为主持人），下面的部分显示其他参与者的连接状况。

6. 当语音会议结束，你想挂断这次通话时，单击窗口下方的挂断电话图标即可。需要注意的是，如果你是主持人，一旦你离开，那么这次通话的其他参与者也将自动结束通话。

提示 一般而言，语音和语音会议均只能和在线好友进行联系，非在线好友请使用文字方式给他们留言。

- 使用SkypeOut拨打普通电话以及移动电话

可以以低廉的价格拨打世界范围内的普通电话及移动电话（如图4-51所示）是Skype最突出的功能，也是Skype能够取得成功所依仗的功能。可以说，这是整个Skype全方位通讯的核心组成部分。下面我们就来看看如何使用Skype拨打普通电话、移动电话，甚至是越洋长途。下面的Skype指的都是用以拨打电话的服务SkypeOut。

图4-51　使用Skype拨打电话

使用Skype拨打电话可不是免费的了，你首先需要给自己账户充值。

图4-52　为账户充值

1. 登录Skype客户端后，你可以单击窗口右侧的“购买Skype点数”连接，也可以选择菜单中的【Skype】|【购买Skype点数】命令（如图4-52所示）。这两种方法都可以快速准确地启动购买页面。

2. 在图4-53所示的购买页面中，你可以选择“点卡”和“套餐”。单击购买可以打开图4-54所示的列表，在其中点击你希望购买的点数类型，进入结算页面。之后，你要在“Skype用户名”和“再次输入”文本框中输入要充值的Skype账户名称。然后，勾选“接受Skype的《服务条款》”并单击【立即订购】按钮，即可启动相应的网上银行支付系统。

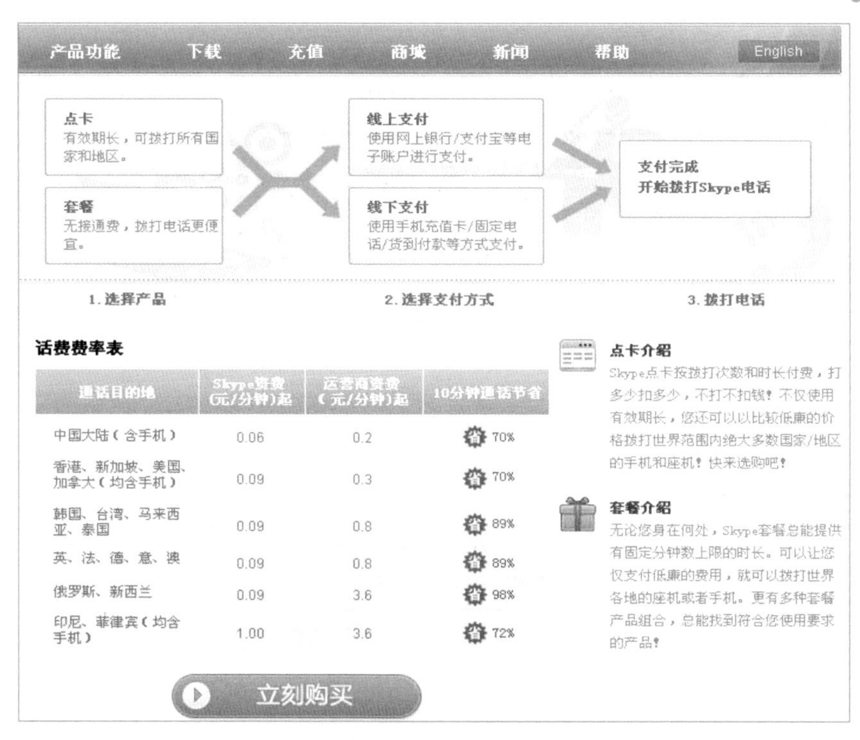

图4-53　购买点数网页1

欧元卡 什么是欧元卡?

点卡名称	拨打范围	费率	价格
0.2欧元卡	300多个国家和地区	约0.19元/分钟起	2元
2欧元卡	300多个国家和地区	约0.19元/分钟起	20元
5欧元卡	300多个国家和地区	约0.19元/分钟起	50元
10欧元卡	300多个国家和地区	约0.19元/分钟起	100元

套餐卡 什么是套餐卡? 更多套餐　选择使用范围 ×　TOP

套餐名称	通话时长	费率	适用 □手机 □座机	拨打范围	售价
中国大陆通套餐1000分钟	1000分钟/月	0.08元/分钟	手机+座机	中国大陆	77元包月
大陆通400分钟	400分钟/月	0.11元/分钟	手机+座机	中国大陆	45元包月
中国香港套餐120分钟	120分钟/月	0.14元/分钟	手机+座机	中国香港	17元包月
韩国套餐120分钟	120分钟/月	0.35元/分钟	手机+座机	韩国	42元包月
中国台湾套餐120分钟	120分钟/月	0.75元/分钟	手机+座机	中国台湾	90元包月
日本套餐120分钟	120分钟/月	1元/分钟	手机+座机	日本	120元包月

图4-54　购买点数网页2

3．在你的身份验证通过后，就可以到网上银行进行支付了。根据你使用的银行的不同可能具体操作步骤有稍许不同，不过顺序一般如下：选择支付方式及开户行；输入你的银行卡号和密码；确认支付充值成功，确认购买金额。一旦出现图4-55所示的确认购买金额窗口，那么就代表你充值成功了。

4．需要注意的是，在第 2 步中填写的 Skype 用户名并不是你的用户昵称，这点在图 4-55 中说明得很清楚。

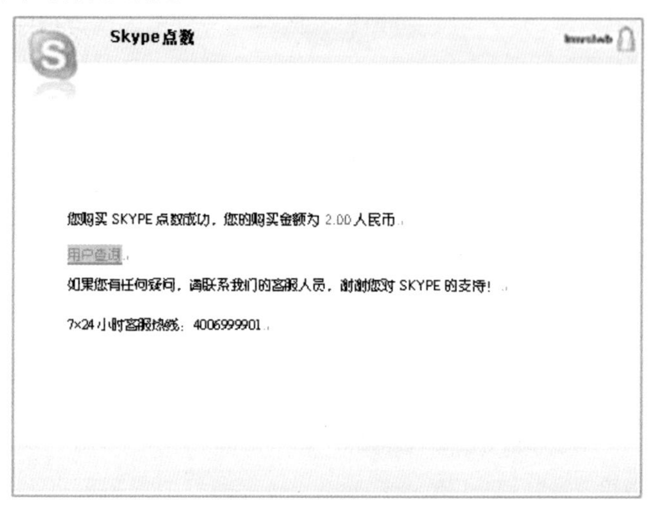

图4-55　点数充值完成

5．充值后，你的SkypeOut账户有效期为180天。如果你在180天内没有再次充值，或者再使用SkypeOut拨打电话，那么，你的SkypeOut点卡将会被冻结。点卡被冻结后，你的账户余额将会被清零。如果你要继续拨打普通电话，只能重新充值。也就是说，你每6个月必须使用SkypeOut成功拨打过一次普通电话，以便维持你的账户余额保持一直有效。

充值完毕后，你就可以使用低廉的话费拨打世界各地朋友的电话了。

1．要拨打电话，首先要登录Skype客户端，切换到【拨打电话】选项卡，如图4-56所示。在其中，选择国家名称，Skype会显示出相应的通话费率。接下来，在“输入电话号码”文本框中输入手机或座机的号码。如果拨打座机，请加相应的区号（国内编码的区号，与直接输入电话号码时的全球同一区号不同，比如在这里北京的区号是010，而不是10）。

2. 如果你知道要拨打的目的国的国家代码，你也可以按“00 国家代码 区号 对方的固定号码”这一格式直接输入对方的电话号码，比如拨号“0086108888888”

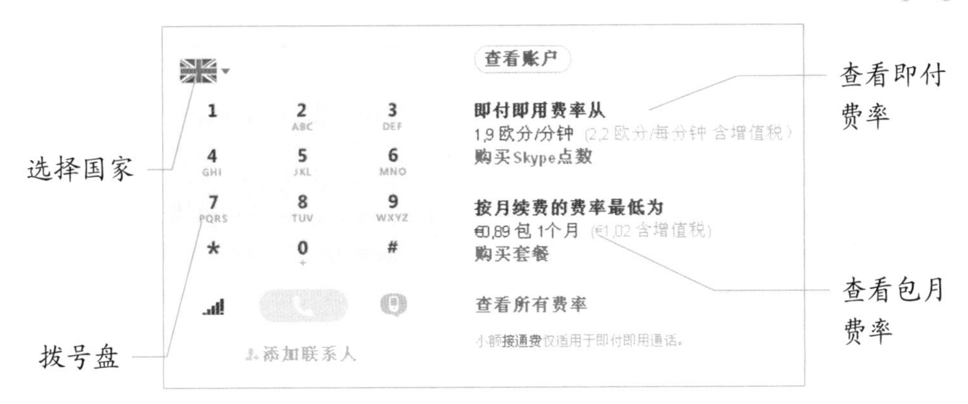

图4-56 拨打世界各地电话

（图4-57），其中86是中国的国家代码，10是北京的区号（而不是 010 ），88888888是电话号码。这一串号码的意义就是拨打中国北京号码为“88888888”的固定电话。拨打手机时输入的号码格式是“00 国家代码 对方的手机号码”，比如拨号“008613900000000”，86是中国的国家代码，13900000000是被叫的手机号码。这串代码表示呼叫中国的号码为“13900000000”的移动电话。

图4-57 使用Skype拨打中国的电话

3. Skype会根据你拨号的国家代码自动给出该次拨叫的通话费率。之后，你只需要单击窗口下方的拨打电话按钮，即可开始本次拨打。

4. 如果你要拨打分机号码，在电话接通后你可以使用Skype客户端【拨打电话】选项卡中的小键盘输入分机号码。也可以直接从电脑的键盘输入分机号。

5. 如果你在使用中遇到了#9403错误，表示Skype已经封禁掉了你的SkypeOut账户，一般是因为你的账户充值出了问题，请你到

http://support.Skype.com/?_a= tickets&_m=submit

提交问题寻求客服的帮助。

6. 如果你在使用中遇到了#9500错误，表示你拨打的号码不存在，请检查你的

拨打方式是否正确，电话号码是否有输入错误。

7．如果你在使用中遇到了#10404错误，表示你拨打的号码是一个无效号码，同样请检查你的拨打方式是否正确。

8．Skype不能用来拨打紧急电话。这是因为Skype无法确认用户的位置，也就无从知道你所在地区的紧急电话号码。因此，拨打紧急电话时还是请你使用座机或手机。

9．在使用Skype拨打电话时，由于是由电脑发出讯号，通过网络传输，其显示的来电号码不定，主要与被中转方式有关，因此显示的号码并非发话者实际拥有的电话号码，所以你不能通过Skype回拨电话。

有时，使用Skype与普通或移动电话通话时话质并不是很好，你可以从下面两个方面进行改善。

1．话质不高的原因可能是因为带宽不够，建议用户使用2M Bps以上带宽的宽带线路。如果网络带宽低于这个要求，Skype通话品质可能会很不稳定。

2．某些防火墙也会影响Skype的通话质量。这里建议你在使用Skype进行通话时关闭个人防火墙：使用 Windows XP sp2 的用户，可以在“控制面板”中“安全中心”里（图4-58）选择关闭防火墙。如果你在公司中使用Skype，需要请网络管理人员开启特定的通讯端口才能保证Skype能流畅的通话。

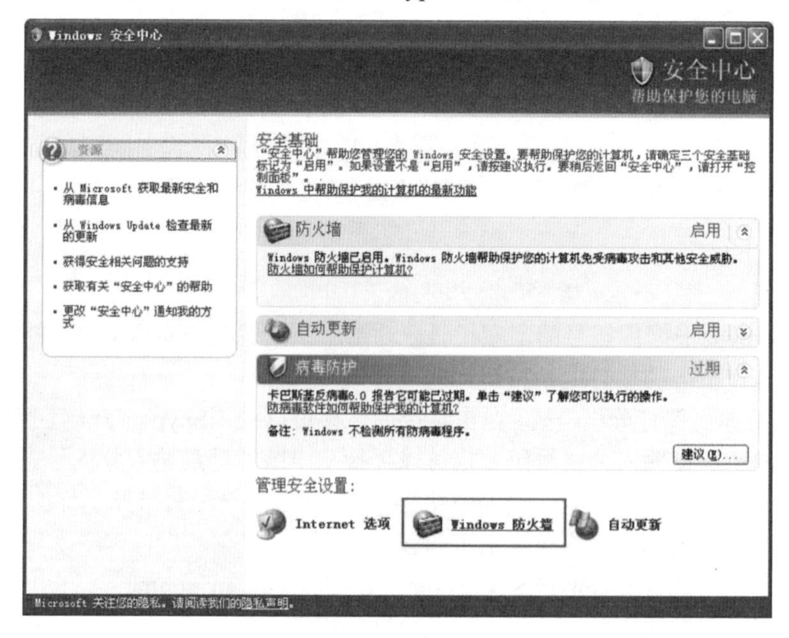

图4-58　Windows网络安全中心

Skype 的通讯费用对比

Skype与传统电话相比的最大优势就在于资费便宜。到底能便宜多少呢？在这节里我们就来具体看一看。

SkypeOut的计费标准是按目的国收费。根据你所拨打的电话所在的国家和地区的不同计费标准也有所不同。特别需要注意的是，拨打0.019欧/分费率的电话时，统一收取0.049欧元的接通费，约合人民币0.49元/次；而拨打非0.019欧/分费率的电话时，每次的接通费则为0.089欧。即整个话费的组成=固定的接通费+通话时间×拨打该地区电话的Skype费率（这次调整在2009年9月7日做出，相关报道如图4-59所示）。

Skype调整国家呼叫费率

SkypeOut按目的国收费，以下费率是您要拨打的地区或国家的费率。欧元与人民币汇率参考：1欧元 = 10元人民币。

2007年1月18日起每次拨打SkypeOut，全球统一收取0.049欧元的接通费，详见这里。
格林尼治时间2009年09月7日零点起，Skype将上调拨打部分电话的接通费，使用Skype欧元卡（Skypeout）拨打非0.019欧/分钟费率的电话时，每次的接通费，由原来的0.049欧上调至0.089欧，拨打0.019欧/分钟费率电话的接通费保持不变，仍为0.049欧/次。Skype套餐产品不受此次调整影响，仍将享受按分钟计费，不收取接通费。

拨打SkypeOut费用计算方式参见范例，如：与美国通话30分钟，那么需扣除的SkypeOut点数为 0.549欧元，计算方式为 0.019*30+0.049，其中：0.019是与美国的通话费率，0.049是每次通话的接通费。
充值成功后，余额的有效期为180天，如果您在180天内成功拨打过一次电话，您的余额有效期将恢复到180天。其他帮助参见这里。

常用费率　完整费率表　费率调整　短信费率　Skype点数充值

通话目的地国家名称(按A-Z字母排序)		话费情况(欧元/分钟)		调整幅度
		调整前费率	调整后费率	
厄瓜多尔	Ecuador	0.144	0.11	↓0.034
法罗群岛 - 手机	Faroe Islands – Mobile	0.551	0.176	↓0.375
马耳他	Malta	0.145	0.113	↓0.032
摩纳哥	Monaco	0.046	0.033	↓0.013

图4-59　Skype定价策略

Skype的通话费率和传统IP电话的通话费率的对比表如图4-60所示，从中可以看出，使用Skype拨打国外的长途电话的话费均为0.19元/分，与拨打市话的花费相近。使用Skype拨打国际长途均可以获得超过90%的话费优惠，即使是拨打中国香港和中国台湾地区的电话，也能得到接近90%的话费优惠，不能不说是质优价廉。

不过，Skype的计费系统与普通电话系统还是有些区别的。你需要注意以下几点，以免遭到莫名的损失：

1．Skype将5秒以下的通话视为无效，不会收取费用。若是接通后对方无回应，请你在5秒内主动挂断。否则，由于Skype会视任何超过5秒的电话为一次完整的通话，系统会对你的这次未接通电话进行计费。

2. 接听Skype拨叫的电话是否需要付费与接听普通电话的情况相同：接听普通电话时需付市话费，那么接听Skype的呼叫，也需付市话费；接听普通电话时是免费的，那么接听Skype的呼叫也是免费的。

常用费率　完整费率表　费率调整　短信费率　Skype点数充值

通话目的地		话费情况(人民币)		
		标准IP资费 元/分钟	Skype资费 元/分钟	便宜
美国（除阿拉斯加）	USA	2.4	0.19	92.92%
加拿大	Canada	2.4	0.19	92.92%
中国大陆	China	0.3	0.19	43.33%
日本（固话）	Japan	3.6	0.23	94.72%
韩国（固话）	Korea Republic	3.6	0.19	95.28%
新加坡	Singapore	3.6	0.19	95.28%
澳大利亚（固话）	Australia	3.6	0.19	95.28%
德国（固话）	Germany	3.6	0.19	95.28%
英国（固话）	United Kingdom	3.6	0.19	95.28%
法国（固话）	France	3.6	0.19	95.28%
意大利（固话）	Italy	3.6	0.19	95.28%
香港	Hong Kong	1.5	0.19	88.67%
台湾地区（固话）	Taiwan	1.5	0.19	88.67%

图4-60　Skype资费标准

3. 被叫手机如果在国外处于漫游状态，只要号码不变，你使用Skype拨打对方手机就会按“拨到中国的费率+接通费”方式计算。拨打方式也不变，即“0086对方的手机号码”，无需支付任何其他费用。但是，被叫手机要支付国际漫游费，不过这和你的账户无关。

至此，我们对当前以互联网为平台的常用即时通信方式做了较全面的介绍，相信读者通过本书的学习，一定会对这种方便快捷而又相对便宜的通讯交流方式有所了解和掌握，从而为自己的工作和学习带来方便，并因此能够尽快融入时尚潮流生活之中。